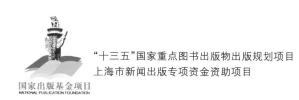

"十三五"国家重点图书出版物出版规划项目
上海市新闻出版专项资金资助项目

国家出版基金项目
NATIONAL PUBLICATION FOUNDATION

东北乡村人居环境

马 青 郭曼曼 李 超 宋 岩 白 涛 著

同济大学出版社 · 上海

图书在版编目(CIP)数据

东北乡村人居环境 / 马青等著. —上海：同济大
学出版社，2021.12
（中国乡村人居环境研究丛书 / 张立主编）
ISBN 978-7-5608-8489-9

Ⅰ. ①东… Ⅱ. ①马… Ⅲ. ①乡村—居住环境—研究
—东北地区 Ⅳ. ①X21

中国版本图书馆 CIP 数据核字（2021）第 115685 号

"十三五"国家重点图书出版物出版规划项目
国家出版基金项目
上海市新闻出版专项资金资助项目
辽宁省教育厅课题"城乡融合型村庄划定与规划策略研究"（lnfw202001）

中国乡村人居环境研究丛书

东北乡村人居环境

马 青 郭曼曼 李 超 宋 岩 白 涛 著

丛书策划 华春荣 高晓辉 翁 晗
责任编辑 由爱华 冯 慧
责任校对 徐春莲
封面设计 王 翔

出版发行 同济大学出版社 www.tongjipress.com.cn
（地址：上海市四平路 1239 号 邮编：200092 电话：021-65985622）
经 销 全国各地新华书店、建筑书店、网络书店
排版制作 南京文脉图文设计制作有限公司
印 刷 上海安枫印务有限公司
开 本 710mm×1000mm 1/16
印 张 15.5
字 数 310 000
版 次 2021 年 12 月第 1 版
印 次 2021 年 12 月第 1 次印刷
书 号 ISBN 978-7-5608-8489-9
定 价 136.00 元

地图审图号：GS(2021)7808 号

内 容 提 要

本书及其所属的丛书,是同济大学等高校团队多年来的社会调查和分析研究成果展现,并与所承担的国家住房和城乡建设部课题"我国农村人口流动与安居性研究"密切相关;本丛书被纳入"十三五"国家重点图书出版物出版规划项目。

丛书的撰写以党的十九大提出的乡村振兴战略为指引,以对我国 13 个省(自治区、直辖市)、480 个村的大量一手调查资料和城乡统计数据分析为基础。书稿借鉴了本领域国内外的相关理论和研究方法,建构了本土乡村人居环境分析的理论框架;具体的研究工作涉及乡村人口流动与安居、公共服务设施、基础设施、生态环境保护以及乡村治理和运作机理等诸多方面。这些内容均关系到对社会主义新农村建设的现实状况的认知,以及对我国城乡关系的历史性变革和转型的深刻把握。

本书回顾了东北三省乡村的发展历程,分析了三省乡村政策特征、相关数据及取得的成效,全面展示东北三省乡村人居环境的面貌。在人居环境理论和乡村多功能理论的基础上,以乡村居民为研究主体,以其活动和需求为出发点,构建了东北地区乡村人居环境研究的理论框架。书中从空间功能属性角度将乡村功能划分为人口流动、生产、生活、生态、文化、空间组织六大项,通过对乡村人居环境发展内在机制和发展目标的审视,为东北地区乡村环境发展提供了一个独特的视角。

本书可供各级政府制定乡村振兴政策、措施时参考使用,可作为政府农业农村、规划、建设等部门及"三农"问题研究者的参考书,也可供高校相关专业师生延伸阅读。

中国乡村人居环境研究丛书
编委会

序 一

我欣喜地得知,"中国乡村人居环境研究丛书"即将问世,并有幸阅读了部分书稿。这是乡村研究领域的大好事、一件盛事,是对乡村振兴战略的一次重要学术响应,具有重要的现实意义。

乡村是社会结构(经济、社会、空间)的重要组成部分。在很长的历史时期,乡村一直是社会发展的主体,即使在城市已经兴起的中世纪欧洲,政治经济主体仍在乡村,商人只是地主和贵族的代言人。只是在工业革命以后,随着工业化和城市化进程的推进,乡村才逐渐失去了主体的光环,沦落为依附的地位。然而,乡村对城市的发展起到了十分重要的作用。乡村孕育了城市,以自己的资源、劳力、空间支撑了城市,为社会、为城市发展作出了重大的奉献和牺牲。

中国自古以来以农立国,是一个农业大国,有着丰富的乡土文化和独特的经济社会结构。对乡村的研究历来有之,20世纪30年代费孝通的"江村经济"是这个时期的代表。中国的乡村也受到国外学者的关注,大批的外国人以各种角色(包括传教士)进入乡村开展各种调查。1949年以来,国家的经济和城市得到迅速发展,人口、资源、生产要素向城市流动,乡村逐渐走向衰败,沦为落后、贫困、低下的代名词。但是乡村作为国家重要的社会结构具有无可替代的价值,是永远不会消失的。中央审时度势,综览全局,及时对乡村问题发出多项指令,从"三农"到乡村振兴,大大改变了乡村面貌,乡村的价值(文化、生态、景观、经济)逐步为人们所认识。城乡统筹、城乡一体,更使乡村走向健康、协调发展之路。乡村兴,国家才能兴;乡村美,国土才能美。但是,总体而言,学界、业界乃至政界对乡村的关注、了解和研究是远远不够的。今天中国进入一个新的历史时期,无论从国家的整体发展还是圆百年之梦而言,乡村必须走向现代化,乡村研究必须快步追上。中国的乡村是非常复杂的,在广袤的乡村土地上,由于自然地形、历史进程、经济水平、人口分布、民族构成等方面的不同,千万个乡村呈现出巨大的差异,要研究乡村、了解乡村还是相当困难和艰苦的。同济大学团队借承担住房和城乡建设部乡村人居环境研究的课题,利用在国内各地多个规划项目的积累,联合国内多所高校和研究设计机构,开展了全国性的乡村田野调查,总结撰写了一套共 10 个分册的"中国乡村人居环境研究丛书",适逢其时,为乡村的研究提供了丰富的基础性资料和研究经验,为当代的乡村研究起到示范借鉴作用,为乡村振兴作出了有价值的贡献!

纵观本套丛书,具有以下特点和价值。

(1) 研究基础扎实,科学依据充分。由 100 多名教师和 500 多名学生组成的调查团队,在 13 个省(自治区、直辖市)、85 个县区、234 个乡镇、480 个村开展了多地区、多类型、多样本的全国性的乡村田野调查,行程 10 万余公里,撰写了 100 万字的调研报告,在此基础上总结提炼,撰写成书,对我国主要区域、不同类型的乡村人居环境特点、面貌、建设状况及其差异作了系统的解析和描述,绘就了一份微缩的、跃然纸上的乡居画卷。而其深入村落,与 7 578 位村民面对面的访谈,更反映了村庄实际和村民心声,反映了乡村振兴"为人民"的初心和"为满足美好生活需要"而研究的历史使命。近几年来,全国开展村庄调查的乡村研究已渐成风气。江苏省开展全省性乡村调查,出版了《2012 江苏乡村调查》和《百年历程百村变迁:江苏乡村的百年巨变》等科研成果,其他多地也有相当多的成果。但对全国的乡村调查且以乡村人居环境为中心,在国内尚属首次。

(2) 构建了一个由理论支撑、方法统一、组织有机、运行有效的多团体的科研协作模式。作为团队核心的同济大学,首先构建了阐释乡村人居环境特征的理论框架,举办了培训班,统一了研究方法、调研方式、调查内容、调查对象。同时,同济大学团队成员还参与了协作高校和规划设计机构的调研队伍,以保证传导内容的一致性。同时,整个研究工作采用统分结合的方式——调研工作讲究统一要求,而书稿写作强调发挥各学校的能动性和积极性,根据各区域实际,因地制宜反映地方特色(如章节设置、乡村类型划分、历史演进、问题剖析、未来思考),使丛书丰富多样,具有新鲜感。我曾在 20 世纪 90 年代组织过一次中美两国十多所高校和研究设计机构共同开展的"中国自下而上的城镇化发展研究",以小城镇为中心进行了覆盖全国多类型十多个省区、几十个小城镇的多类型调研,深知团队合作的不易。因此,从调研到出版的组织合作经验是难能可贵的。

(3) 提出了一些乡村人居环境研究领域颇具见地的观点和看法。例如,总结提出了国内外乡村人居环境研究的"乡村—乡村发展—乡村转型"三阶段,乡村人居环境特征构成的三要素（住房建设、设施供给、环卫景观）；构建了乡村人居环境、村民满意度评价指标体系；提出了宜居性的概念和评价指标，探析了乡村人居环境的运行机理等。这些对乡村研究和人居环境研究都有很大的启示和借鉴意义。

丛书主题突出、思路清晰、内容全面、特色鲜明，是一次系统性、综合性的对中国乡村人居环境的全面探索。丛书的出版有重要的现实意义和开创价值，对乡村研究和人居环境研究都具有基础性、启示性、引领性的作用。

崔功豪

南京大学

2021 年 12 月

序　二

这是一套旨在帮助我们进一步认识中国乡村的丛书。

我们为什么要"进一步认识乡村"?

第一,最直接的原因,是因为我们对乡村缺乏基本的了解。"我们"是谁,是"城里人"还是"乡下人"? 我想主要是城里人——长期居住在城市里的居民。

我们对于乡村的认识可以说是凤毛麟角,而我们的这些少得可怜的知识,可能是一些基于亲戚朋友的感性认知、文学作品里的生动描述,或者是来自节假日休闲时浮光掠影的印象。而这些表象的、浅层的了解,难以触及乡村发展中最本质的问题,当然不足以作为决策的科学支撑。所以,我们才不得不用城市规划的方式规划村庄,以管理城市的方式管理乡村。

这样的认知水平,不是很多普通市民的"专利",即便是一些著名的科学家,对于乡村的理解也远比不上对城市来得深刻。笔者曾参加过一个顶级的科学会议,专门讨论乡村问题,会上我求教于各位院士专家,"什么是乡村规划建设的科学问题?"并没有得到完美的解答。

基本科学问题不明确,恰恰反映了学术界对于乡村问题的把握,尚未进入"自由王国"的境界,甚至可以说,乡村问题的学术研究在一定程度上仍然处在迷茫和不清晰的境地。

第二,我们对于乡村的理解尚不全面不系统,有时甚至是片面的。比如,从事规划建设的专家,多关注农房、厕所、供水等;从事土地资源管理的专家,多关注耕地保护、用途管制;从事农学的专家,多关注育种、种植;从事环境问题的专家,多关注秸秆燃烧和化肥带来的污染;等等。

但是,乡村和城市一样,是一个生命体,虽然其功能不及城市那样复杂,规模也不像城市那么庞大,但所谓"麻雀虽小,五脏俱全",其系统性特征非常明显。仅从部门或行业视角观察,往往容易带来机械主义的偏差,缺乏总揽全局、面向长远的能力,因而容易产生片面的甚至是功利主义的政策产出。

如果说现代主义背景的《雅典宪章》提出居住、工作、休憩、交通是城市的四大基本活动，由此奠定了现代城市规划的基础和功能分区的意识，那么，迄今为止还没有出现一个能与之媲美的系统认知乡村的科学模型。

农业、农村、农民这三个维度构成的"三农"，为我们认识乡村提供了重要的政策视角，并且孕育了乡村振兴战略、连续十多年以"三农"为主题的中央一号文件，以及机构设置上的高配方案。不过，政策视角不能替代学术研究，目前不少乡村研究仍然停留在政策解读或实证研究层面，没有达到规范性研究的水平。反过来，这种基于经验性理论研究成果拟定的政策行动，难免采取"头痛医头，脚痛医脚"的策略，甚至出现政策之间彼此矛盾、相互掣肘的局面。

第三，我们对于乡村的理解缺乏必要的深度，一般认为乡村具有很强的同质性。姑且不去考虑地形地貌的因素，全国 200 多万个自然村中，除去那些当代"批量""任务式""运动式"的规划所"打造"的村庄，很难找到两个完全相同的。形态如此，风貌如此，人口和产业构成更表现出很大的差异。

如果把乡村作为一种文化现象考察，全国层面表现出来的丰富多彩，足以抵消一定地域内部的同质性。况且，作为人居环境体系的起源，乡村承载了更加丰富多元的中华文明，蕴含着农业文明的空间基因，它们与基于工业文明的城市具有同等重要的文化价值。

从这一点来说，研究乡村离不开城市。问题是不能拿研究城市的理论生搬硬套。事实上，我国传统的城乡关系，从来就不是对立的，而是相互依存的"国—野"关系。只是工业化的到来，导致了人们对资源的争夺，特别是近代租界的强势嵌入和西方自治市制度的引入，才使得城乡之间逐步走向某种程度的抗争和对立。

在建设生态文明的今天，重新审视新型城乡关系，乡村因为其与自然环境天然的依存关系，生产、生活和生态空间的融合，成为城市规划建设竞相仿效的范式。在国际上，联合国近年来采用的城乡连续体（rural-urban continuum）的概念，可以说也是对于乡村地位与作用的重新认知。乡村人居环境不改善，城市问题无法很好地解决；"城市病"的治理，离不开我们对乡村地位的重新认识。

显而易见，乡村从来就不只是居民点，乡村不是简单、弱势的代名词，它所承载的信息是十分丰富的，它对于中华民族伟大复兴的宏伟目标非常重要。党的十九大报告提出乡村振兴战略，以此作为决战全面建成小康社会、全面建设社会主义现代化国家的重大历史任务。在"全面建成了小康社会,历史性地解决了绝对贫困问题"之际,"十四五"规划更提出了"全面实施乡村振兴"的战略部署,这是一个涵盖农业发展、农村治理和农民生活的系统性战略,以实现缩小城乡差别、城乡生活品质趋同的目标,成为城乡人居体系中稳住农民、吸引市民的重要环节。

实现这些目标的基础,首先必须以更宽广的视角、更系统的调查、更深入的解剖,去深刻认识乡村。"中国乡村人居环境研究丛书"试图在这方面做一些尝试。比如,借助组织优势,作者们对于全国不同地区的乡村进行了广泛覆盖,形成具有一定代表性的时代"快照";不只是对于农房和耕地等基本要素的调查,也涉及产业发展、收入水平、生态环境、历史文化等多个侧面的内容,使得这一"快照"更加丰满、立体。为了数据的准确、可靠,同济大学等团队坚持采取入户调查的方法,调查甚至涉及对于各类设施的满意度、邻里关系、进城意愿等诸多情感领域问题,使得这套丛书的内容十分丰富、信息可信度高,但仍有不少进一步挖掘的空间。

眼下我国正进入城镇化高速增长与高质量发展并行的阶段,农村地区人口减少、老龄化的趋势依然明显,随着乡村振兴战略的实施,农业生产的现代化程度和农村公共服务水平不断提高,乡村生活方式的吸引力也开始显现出来。

乡村不仅不是弱势的,不仅是有吸引力的,而且在政策、技术和学术研究的层面,是与城市有着同等重要性的人居形态,是迫切需要展开深入学术研究的领域。

作为一种空间形态,乡村空间不只存在着资源价值、生产价值、生态价值,正如哈维所说,也存在着心灵价值和情感价值,这或许会成为破解乡村科学问题的一把钥匙。乡村研究其实是一种文化空间的问题,是一种认同感的培养。

对于一个有着五千多年历史、百分之六七十的人口已经居住在城市的大国而言,城市显然是影响整个国家发展的决定性因素之一,而乡村人居环境问题,也是名副其实的重中之重。这套丛书的作者们正是胸怀乡村发展这个"国之大者",从乡村人居环境的理论与方法、乡村人居环境的评价、运行机理与治理策略等多个维度,对 13 个省(自治区、直辖市)、480 个村的田野调查数据进行了系统的梳理、分析与挖掘,其中揭示了不少值得关注的学术话题,使得本书在数据与资料价值的基础上,增添了不少理论色彩。

　　"三农"问题,特别是乡村问题需要全面系统深入的学术研究,前提是科学可靠的调查与数据,是对其科学问题的界定与挖掘,而这显然不仅仅是单一学科的研究,起码应该涵盖公共管理学、城乡规划学、农学、经济学、社会学等诸多学科。正是出于对乡村人居环境问题的兴趣,笔者推动中国城市规划学会这个专注于城市和规划研究的学术团体,成立了乡村规划建设学术委员会。出于同样的原因,应中国城市规划学会小城镇规划学术委员会张立秘书长之邀为本书作序。

石　楠

中国城市规划学会常务理事长兼秘书长

2021 年 12 月

序　三

　　历时 5 年有余编写完成的"中国乡村人居环境研究丛书"近期即将出版,这是对我国乡村人居环境系统性研究的一项基础性工作,也是我国乡村研究领域的一项最新成果。

　　我国是名副其实的农业大国。根据住房和城乡建设部 2020 年村镇统计数据,我国共有 51.52 万个行政村、252.2 万个自然村。根据第七次全国人口普查,居住在乡村的人口约为 5.1 亿,占全国人口的 36.11％。协调城乡发展、建设现代化乡村对于中国这样一个有着广大乡村地区和庞大乡村人口基数的发展中国家而言,意义尤为重大。但是,我国长期以来的城乡二元政策使得乡村人居环境建设严重滞后,直到进入 21 世纪,城乡统筹、新农村建设被提到国家战略高度,系统性的乡村建设工作在全国范围内陆续展开,乡村人居环境才得以逐步改善。

　　纵观开展新农村建设以来的近 20 年,我国乡村人居环境在住房建设、农村基础设施和公共服务补短板、村容村貌提升等方面取得了巨大的成就。根据 2021 年 8 月国务院新闻发布会,目前我国已经历史性地解决了农村贫困群众的住房安全问题。全面实施脱贫攻坚农村危房改造以来,790 万户农村贫困家庭危房得到改造,惠及 2 568 万人;行政村供水普及率达 80％以上,农村生活垃圾进行收运处理的行政村比例超过 90％,农村居民生活条件显著改善,乡村面貌发生了翻天覆地的变化。

　　虽然我国的乡村建设政策与时俱进,但乡村建设面临的问题众多,情况复杂。我国各区域发展很不平衡,东部沿海发达地区部分乡村乘着改革开放的春风走出了"乡村城镇化"的特色发展道路,农民收入、乡村建设水平都实现了质的飞跃。而在 2020 年全面建成小康社会之前,我国仍有十四片集中连片特困地区,广泛分布着量大面广的贫困乡村。发达地区的乡村建设需求与落后地区有很大不同,国家要短时间内实现乡村人居环境水平的全面提升,必然面临着诸多现实问题与困难。

　　从 2005 年党的十六届五中全会通过的《中共中央关于制定国民经济和社会

发展第十一个五年规划的建议》提出"扎实推进社会主义新农村建设",到 2015 年同济大学承担住房和城乡建设部"我国农村人口流动与安居性研究"课题并组织开展全国乡村田野调研工作,我国的新农村建设工作已开展了十年,正值一个很好的对乡村人居环境建设工作进行全面的阶段性观察、总结和提炼的时机。从即将出版的"中国乡村人居环境研究丛书"成果来看,同济大学带领的研究团队很好地抓住了这个时机并克服了既往乡村统计数据匮乏、难以开展全国性研究、乡村地区长期得不到足够重视等难题,进而为乡村研究领域贡献了这样一套系统性、综合性兼具,较为全面、客观反映全国乡村人居环境建设情况的研究成果。

本套丛书共由 10 种单本组成,1 本《中国乡村人居环境总貌》为"总述",其余 9 本分别为江浙地区、江淮地区、上海地区、长江中游地区、黄河下游地区、东北地区、内蒙古地区、四川地区和西南地区等 9 个不同地域乡村人居环境研究的"分述",10 种单本能够汇集而面世,实属不易。我想,这首先得益于同济大学研究团队长期以来在全国各地区开展的村镇研究工作经验积累,从而能够在明确课题开展目的的基础上快速形成有针对性、可高效执行的调研工作计划。其次,通过实施系统性的乡村调研培训,向各地高校/设计单位清晰传达了工作开展方法和材料汇集方式,确保多家单位、多个地区可以在同一套行动框架中开展工作,进而保证调研行为的统一性和成果的可汇总性。这一工作方式无疑为乡村调研提供了方法借鉴。而最核心的支撑工作,当属各调研团队深入各地开展的村庄调研活动,与当地干部、村长、村民面对面的访谈和对村庄物质建设第一手素材的采集,能够向读者生动地展示当时当地某个村的真实建设水平或某类村民的真实生活面貌。

我曾参与了课题"我国农村人口流动与安居性研究"的研究设计,也多次参加了关于本套丛书写作的研讨,特别认同研究团队对我国乡村样本多样性的坚持。10 所高校共 600 余名师生历时 128 天行程超过 10 万公里完成了面向全国 13 个省(自治区、直辖市)、480 个村、28 593 个农村家庭的乡村田野调查,一路不畏辛劳,不畏艰险——甚至在偏远山区,还曾遭遇过汽车抛锚、山体滑坡等危险状况。也正因有了这些艰难的经历,才能让读者看到滇西边境山区、大凉山地区等在当时尚属集中连片特殊困难地区的乡村真实面貌,也更能体会以国家战略推行的乡村扶贫和人居环境提升是一项多么艰巨且意义重大的世界性工程。最后，得益于研究团队的不懈坚持与有效组织，以及他们对于多年乡村田野调查工作的不舍与热情，这套丛书最终能够在课题研究丰硕成果的基础上与广大读者见面。

纵观本套丛书，其价值与意义在于能够直面我国巨大的地域差异和乡村聚落个体差异，通过量大面广的乡村调研为读者勾勒出全国层面的乡村人居环境建设画卷，较为系统地识别并描述了我国宏大的、广泛的乡村人居环境建设工程呈现出的差异性特征，对于一直缺位的我国乡村人居环境基础性研究工作具有引领、开创的意义，并为这次调研尚未涉及的地域留下了求索的想象空间。而本次全国乡村调研的方法设计、组织模式和成果展示也为乡村研究领域提供了有益借鉴。对于本套丛书各位作者的不懈努力和辛勤付出，为我国乡村人居环境研究领域留下了重要一笔，表以敬意。当然，也必须指出，时值我国城乡关系从城乡统筹走向城乡融合，乡村人居环境建设亦在持续推进，面临的形势与需求更加复杂，对乡村人居环境的研究必然需要学界秉持辩证的态度持续关注，不断更新、探索、提升。由此，也特别期待本套丛书的作者团队能够持续建立起历时性的乡村田野跟踪调查，这将对推动我国乡村人居环境研究具有不可估量的意义。

彭震伟

同济大学党委副书记

中国城市规划学会常务理事

2021 年 12 月

序　　四

改革开放 40 余年来,中国的城镇化和现代化建设取得了巨大成就,但城乡发展矛盾也逐步加深,特别是进入 21 世纪以来,"三农"问题得到国家层面前所未有的重视。党的十九大报告将实施乡村振兴上升到国家战略高度,指出农业、农村、农民问题是关系国计民生的根本性问题,是全党工作重中之重。

解决好"三农"问题是中国迈向现代化的关键,这是国情背景和所处的发展阶段决定的。我国是人口大国,也是农业大国,从目前的发展状况来看,农业产值比重已经不到 8%,但农业就业比重仍然接近 27%,农村人口接近 40%,达到 5.5 亿人,同时有超过 2.3 亿进城务工人员游离在城乡之间。我国城镇化具有时空压缩的特点,并且规模大、速度快。20 世纪 90 年代的乡村尚呈现繁荣景象,但 20 多年后的今天,不少乡村已呈凋敝状。第二代进城务工的群体已经形成,农业劳动力面临代际转换。可以讲,中国现代化建设成败的关键之一将取决于能否有效化解城乡发展矛盾,特别是在当前的转折时期,能否从城乡发展失衡转向城乡融合发展。

乡村振兴离不开规划引领,城乡规划作为面向社会实践的应用性学科,在国家实施乡村振兴战略中有所作为,是新时代学科发展必须担负起的历史责任。开展乡村规划离不开对"三农"问题的理解和认识,不可否认,对乡村发展规律和"三农"问题的认识不足是城乡规划学科的薄弱环节。我国的乡村发展地域差异大,既需要对基本面有所认识,也需要对具体地区进一步认知和理解。乡村地区的调查研究,关乎社会学、农学、人类学、生态学等学科领域,这些学科的积累为其提供了认识基础,但从城乡规划学科视角出发的系统性的调查研究工作不可或缺。

"中国乡村人居环境研究丛书"依托于国家住房和城乡建设部课题,围绕乡村人居环境开展了全国性乡村田野调查。本次调研工作的价值有三个方面:

(1) 这是城乡规划学科首次围绕乡村人居环境开展大规模调研,运用了田野调查方法,从一个历史断面记录了这些地区乡村发展状态,具有重要学术意义;

（2）调研工作经过周密的前期设计，调研结果有助于认识不同地区间的发展差异，对于建立我国不同地区整体的认知框架具有重要价值，有助于推动我国的乡村规划研究工作；

（3）调研团队结合各自长期的研究积累，所开展的地域性研究工作对于支撑乡村规划实践具有积极的意义。

本套丛书的出版凝聚了调研团队辛勤的努力和汗水，在此表达敬意，也希望这些成果对于各地开展更加广泛深入、长期持续的乡村调查和乡村规划研究工作起到助推的作用。

张尚武

同济大学建筑与城市规划学院副院长

中国城市规划学会乡村规划与建设学术委员会主任委员

2021 年 12 月

总　前　言

只有联系实际才能出真知，实事求是才能懂得什么是中国的特点。

——费孝通

自 21 世纪初期国家提出城乡统筹、新农村建设、美丽乡村等政策以来，乡村人居环境建设取得了很大成就。全国各地都在积极推进乡村规划工作，着力解决乡村建设的无序问题。与此同时，我国乡村人居环境的基础性研究却一直较为缺位。虽然大家都认为全国各地的乡村聚落的本底状况和发展条件各不相同，但是如何识别差异、如何描述差异以及如何应对差异化的发展诉求，则是一个难度很大而少有触及的课题。

2010 年前后，同济大学相关学科团队在承担地方规划实践项目的基础上，深入村镇地区开展田野调查，试图从乡村视角去理解城乡人口等要素流动的内在机理。多年的村镇调查使我们积累了较多的深切认识。此后的 2015 年，国家住房和城乡建设部启动了一系列乡村人居环境研究课题，同济大学团队有幸受委托承担了"我国农村人口流动与安居性研究"课题。该课题的研究目标明确，即探寻乡村人居环境改善和乡村人口流动之间的关系，以辨析乡村人居环境优化的逻辑起点。面对这一次难得的学术研究机遇，在国家和地方有关部门的支持下，同济大学课题组牵头组织开展了较大地域范围的中国乡村调查研究。考虑到我国乡村基础资料匮乏、乡村居民的文化水平不高、运作的难度较大等现实情况，课题组确定以田野调查为主要工作方法来推进本项工作；同时也扩展了既定的研究内容，即不局限于受委托课题的目标，而是着眼于对乡村人居环境实情的把握和围绕对"乡村人"的认知而展开更加全面的基础性调研工作。

本次田野调查主要由同济大学和各合作高校的师生所组成的团队完成，这项工作得到了诸多部门和同行的支持。具体工作包括下乡踏勘、访谈、发放调查问卷等环节；不仅访谈乡村居民，还访谈了城镇的进城务工人员，形成了双向同步的乡村人口流动的意愿验证。为确保调查质量，课题组对参与调研的全体成员进行了培训。2015 年 5 月，项目调研开始筹备；7 月 1 日，正式开始调研培训；

7月5日,华中科技大学团队率先启程赴乡村调查;11月5日,随着内蒙古工业大学团队返回呼和浩特,调研的主体工作顺利完成。整个调研工作历时128天,100多名教师(含西宁市规划院工作人员)和500多名学生参与其中,撰写原始调查报告100余万字。本次调查合计访谈了7 578名乡村居民,涉及13个省(自治区、直辖市)的85个县区、234个乡镇、480个行政村和28 593个家庭成员。此外,还完成了524份进城务工人员问卷调查,丰富了对城乡人口等要素流动的认识。

本次调研工作可谓量大面广,为深化认知和研究我国乡村人居环境及乡村居民的状况提供了大量有价值的基础数据。然而,这么丰富的研究素材,如果仅是作为一项委托课题的成果提交后就结项,不免令人意犹未尽,或有所缺憾。因而经过与参与调查工作的各高校课题组商讨,团队决定以此次调查的资料为基础,以乡村居民点为主要研究对象,进一步开展我国乡村人居环境总貌及地域研究工作。这一想法得到了住房和城乡建设部村镇司的热忱支持。各课题组很快就研究的地域范畴划分达成了共识,即按照江浙地区、上海地区、江淮地区、长江中游地区、黄河下游地区、东北地区、内蒙古地区、四川地区和西南地区等为地域单元深化分析研究和撰写书稿,以期编撰一套"中国乡村人居环境研究丛书"。为提高丛书的学术质量,同济大学课题组将所有调研数据和分析数据共享给各合作单位,并要求全部书稿最终展现为学术专著。这项延伸工程具有很大的挑战性,在一定程度上乡村人居环境研究仍是一个新的领域,没有系统的理论框架和学术传承。为了创新、求实、探索,丛书的编写没有事先拟定共同的写作框架,而是让各课题组自主探索,以图形成契合本地域特征的写作框架和主体内容。

丛书的撰写自2016年年底启动,在各方的支持下,我们组织了4次集体研讨和多次个别沟通。在各课题组不懈努力和有关专家学者的悉心指导和把关下,书稿得以逐步完成和付梓,最终完整地呈现给各地的读者。丛书入选"十三五"国家重点图书出版物出版规划项目,获得国家出版基金以及上海市新闻出版专项资金资助。

中国地域辽阔,我们的调研工作客观上难以覆盖全国的乡村地域,因而丛书的内涵覆盖亦存在一定局限性。然而万事开头难,希望既有的探索性工作能够激发更多、更深入的相关研究;希望通过对各地域乡村的系统调研和分析,在不远的将来可勾勒出中国乡村人居环境的整体图景。在研究的地域方面,除了本丛书已经涉及的地域范畴,在东部和中西部地区都还有诸多省级政区的乡村有待系统调研。在研究范式方面,尽管"解剖麻雀"式的乡村案例调研方法是乡村人居环境研究的起点和必由之路,但乡村之外的发展约束也绝不可忽视,这也是国家倡导的"城乡融合发展"的题中之义;在相关的研究中,尤其要注意纵向的历史路径依赖、横向的空间地域组织和垂直的国家制度政策。尽管丛书在不同程度上涉及了这些内容,但如何将其纳入研究并实现对案例研究范式的超越仍待进一步探索。

本丛书的撰写和出版得到了住房和城乡建设部村镇司、同济大学建筑与城市规划学院、上海同济城市规划设计研究院和同济大学出版社的大力支持,在此深表谢意。还要感谢住房和城乡建设部赵晖、张学勤、白正盛、邢海峰、张雁、郭志伟、胡建坤等领导和同事们的支持。来自各方面的支持和帮助始终是激励各课题组和调研团队坚持前行的强劲动力。

最后,希冀本丛书的出版将有助于学界和业界增进对我国乡村人居环境的认知,并进而引发更多、更深入的相关研究,在此基础上,逐步建立起中国乡村人居环境研究的科学体系,并为实现乡村振兴和第二个百年奋斗目标作出学界的应有贡献。

赵 民 张 立

同济大学城市规划系

2021 年 12 月

前　　言

　　乡村环境的宜居性是影响乡村村民生活质量的重要因素,乡村的宜居环境建设是社会各界人士关注的重点。我国关于宜居环境的相关研究一直集中在大中城市,对于乡村宜居环境的研究较少,且研究基础薄弱。近年来乡村人居环境的改善问题得到了政府的重视和大力支持,从 2005 年推进新农村建设以来,政府出台了一系列相关政策,促进了乡村人居环境建设和改善。东北地区积极响应国家政策,在全国乡村人居环境建设浪潮中一直不甘落后。目前,东北广大乡村地区的人居环境质量已经得到较为明显的提高。基于此,本书通过研究东北地区乡村建设的相关政策以及科研与现场调研数据,全面梳理了东北地区乡村人居环境建设至今取得的成果,总结现阶段存在的主要问题,并提出相应的解决策略,使读者对东北地区乡村人居环境获得较为深入的认识。

　　相关研究表明,乡村人居环境是在村民活动作用下产生的,而村民活动又是在政策制度、经济发展水平及自然资源等各条件制约下产生的。本书按照这样的逻辑将村民活动分为生活活动、生产活动及文化活动,将在各种活动的综合作用下形成的人居环境分为生态环境、空间环境、社会环境,通过研究各种活动以及活动作用下形成的各种环境,对东北地区乡村人居环境形成较为全面的认知。书中研究基础资料主要包括三个方面:一是东北地区乡村相关的政策和统计数据,二是其他科研项目积累的乡村规划数据和资料,三是深入乡村调研获得的一手资料。运用的研究方法主要包括调查法、文献研究法、定性分析法、定量分析法、个案研究法等,以期对东北地区乡村人居环境现状作出较为全面且客观的描述。

　　本书中的东北地区包含东北三省,为了更深入细致地对乡村人居环境进行了解和研究,我们选取辽宁省作为样本展开深入调研。从经济发展水平、文化历史背景、自然地理特征及空间区位、产业发展类型四个方面展开,并根据乡村宜居环境的部分要求和条件选择一些有特征性的地区与典型案例。如养老方面选择抚顺市的红透山镇红透山村;政府引导、村民自发统一进行村内特色改造的村落方面,选取抚顺清原大苏河乡三十道河村等。在调查时选择了经济发达的沿海地区丹东东港市、经济发展稍慢的朝阳市、具有特色产业与发展条件限制的葫芦岛兴城市,以及距离中心城市地理位置较近的抚顺市清原满族自治县(后文简称"清原县")4 个县级市 15 个镇。每个县都选取经济较为发达、经济一般和经济欠发达三种经济发展水平的镇区作为目标地区,并考虑其他村镇的特色进行补充。在镇内按照以上条件选取能代表镇较高经济水平、中等经济水平、较低经济水平的村。按照发展程度、自然地理特征、相关特色等标准共选取了 68 个行政村,以此为样本,对东北地区乡村人居环境进行调查研究。调研主要在 2015 年展开,2016 年及 2017 年暑假分别进行补充调研,参与教师 9 人、学生 50 余人。

本书是住建部"我国农村人口流动与安居型研究"课题的延伸,同时也是站在历史的节点调查新农村建设工作开展以来在东北地区取得的主要成果及现阶段存在的主要问题,具有重要的现实意义和社会价值。"一方面是对乡村人居环境现阶段的理论研究和政策制定做一个阶段性的总结,另一方面也是对东北地区乡村发展的特点和现阶段问题的调查和总结,为未来乡村人居环境的建设和乡村的总体发展提供理论和现实基础。"

马青

沈阳建筑大学规划系

2021 年 12 月

目　　录

第 1 章　绪　　论

东北地区相较于我国其他地区,在地域自然环境、民族文化、经济发展水平等各方面均有其自身独有的特征,这也决定了东北乡村人居环境的发展水平和特点不同于其他地区。本章从研究价值、内涵、研究理论与研究进展、研究方法、数据分析与处理等方面对东北乡村人居环境进行概述,为后文提供理论及方法基础。

在地域自然环境方面,我国东北地区处于温带和寒温带,四季分明,夏天温暖多雨,冬天严寒干燥。东北地区内侧是大、小兴安岭和长白山系的高山、中山、低山和丘陵,中部是辽阔的松辽大平原和渤海凹陷,平原面积占比高于全国平均水平。东北地区南临黄海、渤海,鸭绿江、图们江、乌苏里江和黑龙江环绕其东部和北部,只有西部是陆界。拥有沃野千里的黑土地和广袤的平原,为农业生产提供了优越的基础条件。统计数据表明,东北三省乡村地区的人均耕地面积在4亩①以上,远远高于全国大部分地区。东北地区主要农作物有大米、玉米、大豆、马铃薯、甜菜、高粱以及温带瓜果蔬菜等,作为我国主要粮食生产基地,多年来其粮食产量排名靠前。

在民族文化方面,东北的历史可以追溯到上古华夏,"东北"一词,最早见于《周礼·职方氏》:"东北曰幽州,其镇山曰医巫闾。"在其历史发展过程中出现过多种民族。清朝同治年间至民国数百年间,大量中原地区汉族人通过"闯关东"涌入东北。可以说,东北文化是各历史时期多民族不断发展融合的产物。如今的东北以汉族为主,主要少数民族有满族、朝鲜族、蒙古族、赫哲族、俄罗斯族等,乡村地区的文化习俗多是从以上民族习俗中演变而来,如现有乡村的住宅形式和习俗主要沿用满族的传统,乡间流行的婚丧节庆习俗则多以汉族习惯为主,不同地区有不同的演变形式。

---

① 本书基于大量的乡村调研资料而成,因此,考虑调研样本群体实际反馈中的使用习惯,以及村民所分配耕地面积的基数不高,保留了"亩"的使用。"亩"与平方米、公顷以及平方千米的换算如下:1平方米＝0.0015亩;1公顷＝15亩;1平方千米＝1 500亩。

在经济发展方面，东北地区经济发展起步较早，新中国成立初期计划经济时期形成的大批钢铁、煤炭为主的大型国有企业，为中国经济发展做出了重大贡献。改革开放以来，大批国有企业，尤其是工矿类企业陷入资源枯竭、产业转型难等困境，一时间无法适应市场经济浪潮，出现发展速度放缓、技术落后、资金不足等一系列问题。随着东北地区整体经济发展速度放缓，加之其城镇化水平基础较好，城镇化速度也比较缓慢，所以仍保留大面积的乡村地区，且乡村地区整体经济发展水平不高。依靠传统种植业难以提高生活质量，部分村民外出务工，乡村地区人口外流特征明显。

1.1 东北乡村人居环境研究的价值

1.1.1 理论价值

乡村人居环境的内涵涉及多个方面，不同学科有不同的研究角度，城乡规划学科更关注乡村人居环境的功能布局、空间组织等问题，从乡村村民视角出发，以乡村空间功能组织为依据来探讨其人居环境现状问题。进入新型城镇化时期后，人们意识到传统套用城市规划原理的乡村规划无法适用于乡村地区，只有深刻认识乡村地区固有特征，从乡村自身的角度出发研究其人居环境问题，才能寻找到适用于乡村地区的乡村规划原理及方法。本书将运用社会学调查法和数据统计法等研究方法，从乡村功能分类的角度对东北乡村人居环境进行解析。

1.1.2 实践价值

东北地区是我国重要的粮食主产区、商品粮供给区和粮食增产潜力区，其粮食产量占全国粮食总产量的五分之一，是全国粮食与商品粮供给的重要保障，对我国经济发展有着至关重要的保障作用。东北地区的耕地大部分属乡村村民经营管理，少部分为国有农场。研究东北地区乡村人居环境，有助于提高乡村村民生活水平的同时提高其生产效率，有效保证东北乡村地区人居环境健康发展，对其自身农业发展和全国经济发展具有重要意义。

　　自 2002 年国家开始关注乡村建设问题以来,连续多年出台多项相关文件,涉及乡村建设、乡村治理、乡村产业发展、乡村人居环境整治等多个方面。但从现实情况来看,现有的政策并不能解决乡村村民的所有困难,要制定更加"对症下药"的政策,必须对现在乡村村民的需求有更为充分的了解,同时总结现有政策的不足,根据乡村村民的需求制定出更有针对性、更行之有效的政策。

1.1.3　社会价值

　　人居环境的核心是"人",人类建设人居环境的目的是要满足"人类聚居"的需要。而研究乡村人居环境的最终目标是为改善乡村村民的人居环境提出科学方法。乡村是人类重要的工作、居住场所和环境空间,人类对乡村空间的占据和利用是与工业化城市不同而又相得益彰的另一种形态。近几十年来,伴随工业化的城镇化迅猛发展,以经济增长为首要发展目标的导向致使生态环境的破坏、社会发展的不协调、生活质量被忽视等问题愈演愈烈,城市发展的负面效应逐渐扩大到乡村地区,乡村地区原有的人居环境平衡被打破。我国长期实行的城乡二元体制使城乡的差距越来越大,乡村地区经济发展严重滞后,其人居环境建设一方面在吸收城市"现代化"的经验,另一方面又受有限的资金和资源限制,一直以来发展缓慢。而关于人居环境的研究,之前一直集中在城市区域,对于乡村地区人居环境的研究较少。因此,本书以东北乡村为研究对象,深入研究其乡村人居环境问题,希望能够对东北地区及全国乡村村民生活质量的提高、乡村地区的环境改善、乡村社会的和谐发展有所帮助。

1.2　乡村人居环境研究的内涵

1.2.1　乡村研究相关概念界定

1) 社会主义新农村建设

　　自 2000 年前后,改革开放在工业发展和城市建设领域取得了显著成果,城市工业发展相对成熟,然而乡村农业相对落后,应采用工业反哺农业的财政政策促进乡村经济发展,开展社会主义新农村建设。社会主义新农村建设的核心内容包括生产发展、生活宽裕、乡风文明、村容整洁及管理民主。

2) 美丽乡村

党的十六届五中全会提出的推进社会主义新农村建设的具体要求,就是之后美丽乡村的内涵。2005 年之后,浙江、海南等地区进行了一系列地方性探索建设,乡村发展成果显著。2012 年,经过一段时间的实践探索后,美丽乡村成为新农村内涵的代名词。习近平总书记在 2013 年中央农村工作会议上强调:"中国要强、农业必须强;中国要富、农民必须富;中国要美、农村必须美。"李克强总理在同年的政府工作报告中讲到"深入推进农村人居环境整治,建设既有现代文明,又有田园风光的美丽乡村"。美丽乡村建设进一步丰富了社会主义新农村新牧区建设的生态、文化内涵,是推进社会主义新农村新牧区建设的"升级版",也是建设美丽中国的基础和前提。自此美丽乡村建设正式在全国启动。强调始终把乡村生态文明建设当作目标和原则,融入经济建设、文化建设、社会建设等各方面和全过程。

3) 宜居乡村

2014 年,国务院发布《关于改善农村人居环境的指导意见》,提出到 2020 年要建设一批各具特色的美丽宜居村庄,其工作的核心是全力保障基本生活条件,大力开展村庄环境整治,稳步推进宜居乡村建设。

4) 乡村治理

乡村治理是指以乡村政府为基础的国家机构和乡村其他权力机构给乡村社会提供公共产品的活动,是通过对村镇布局、基础设施、公共服务、生态环境等资源进行合理配置的方式,促进当地经济、社会的发展以及环境状况的改善。从新中国成立初期农业合作社的集体制度,到改革开放的农村家庭承包经营制度,再到社会主义新农村模式,随着城镇化进度的加深,乡村治理逐步向民主自治方向发展。

5）乡村旅游

2009 年，我国提出全国特色景观旅游村镇，住建部和国家旅游局下发《关于开展全国特色景观旅游名镇（村）示范工作的通知》，并于 2010 年公布第一批 105 个"全国特色景观旅游名镇（村）示范名单"。2015—2016 年，中央一号文件均提出乡村发展休闲农业和乡村旅游。乡村旅游是以中国乡村自然和人文旅游节点为物质对象，依靠乡村的美丽风景、自然环境、建筑和文化资源等。在传统的乡村休闲旅游、农业亲身感受旅游的基础上发展新兴的旅游方式，例如会议度假、事务洽谈、休闲娱乐等。乡村旅游作为乡村产业拓展的新方向，以乡村的特色景观资源推进了新农村建设。

6）历史文化名村镇、传统村落

21 世纪初，有学者提出要关注乡村的文化价值。2003 年，《中国历史文化名村或中国历史文化名镇评选办法》提出历史文化名村镇的具体概念，保存文物特别丰富，且具有重大历史价值或纪念意义的，能较完整地反映一些历史时期传统风貌和地方民族特色的村都被定义为历史文化名村。2012 年，在《关于开展传统村落调查的通知》中提出了传统村落的具体概念。早期形成的，有丰富文化和自然资源，具有一定的历史、文化、科学、艺术、经济和社会价值，必须保护的村子叫作传统村落。

1.2.2 乡村人居环境内涵界定

长期以来，城市人居环境一直是人居环境的重点研究对象，乡村人居环境的研究总量相对较少，且分布在不同的学科领域，不同的学科又从不同的角度给出了乡村人居环境的定义。建筑规划学认为乡村人居环境是乡村村民住宅建筑与周边环境有机结合的空间总称；环境生态学认为乡村人居环境是以人与自然和谐共处为目的，以人为主体的复合生态系统；风水伦理学认为乡村人居环境应该尊重自然规律，注重人文景观与自然环境和谐共处；形态学认为乡村人居环境是乡村区域内居民生产生活所需物质和非物质的有机结合体，是一个动态的复杂巨系统。

综合以上多学科视角,本书采用地理学者李伯华的观点:乡村人居环境应该是地理的、生态的、社会的综合体现;乡村村民作为乡村人居环境的活动主体,其具体的活动是在地表实体空间进行的,同时他们的生产生活又离不开自然条件和资源的支持,而其长期活动形成的文化观念、行为方式等又构成乡村社会网络环境。首先,乡村村民的活动依赖实体空间,其一系列无论是生产还是生活活动都是在地表空间进行的;其次,乡村村民的生产以第一产业为主,高度依靠自然环境条件和自然资源,良好的生态环境是其不可缺少的;最后,乡村居民长期相互交往,彼此之间形成了紧密的地缘关系,逐步形成了其自身的文化习俗并发展成一定的社会关系网络。由此可见,乡村人居环境离不开地理、生态和社会中的任何一个要素,它们相互影响,共同构成了乡村人居环境的内容。在乡村村民的生产和生活的过程中,自然环境是其物质基础,人文环境是其社会基础,两者都作为乡村村民生产和生活的外部环境要素而存在;地域空间环境则是空间载体,乡村村民在其区域内创造了物质和精神财富,是体现人居环境主体地位的重要标记,因此是乡村人居环境的核心部分。

1.3　东北乡村人居环境研究的理论与进展

东北地区关于乡村人居环境的研究还处于初级阶段,研究成果还未成体系,现有的主要研究成果集中在对乡村聚落、乡村生态环境、乡村文化、城乡统筹等方面。

1.3.1　东北地区乡村聚落研究

东北地区乡村聚落研究成果主要集中在建筑及城乡规划学科中,多是以个案的形式深入研究其乡村聚落现状,并根据现状和未来发展需求提出规划方案。讨论的主要内容有生活、生产、道路、水渠、宅旁绿地等乡村空间。研究的个案种类丰富多样,有一般性以生活宜居为规划目标的案例,也有以保护乡村特色文化为主要目标的保护规划案例。同样,建筑学也有部分研究是以乡村聚落中具有特色的建筑单体和建筑群体进行的深入研究,如朴玉顺致力于研究东北地区满族乡村建筑及建筑群的特色及文化意义。同时,也有少量以东北地区乡村聚落整体为研究对象,讨论其与其他区域乡村聚落差异的研究,如隋欣认为东北地区现在人口多为外地闯关东人口,现状仍以乡村人口流出为主要特征,这决定着东北地区乡村未来发展将面临人才及劳动力短缺等问题。

1.3.2　东北地区乡村生态环境研究

东北地区乡村生态环境的研究主要集中在两个方面:一是传统农业生产方式对土地的污染及其治理策略,二是东北地区特有的严寒气候条件下乡村生态环境特征问题及其解决方法的探讨。于志娜以黑龙江省为研究对象得出结论,由于局限于传统的农村生产方式,乡村的耕地受化肥、农药和农业生产塑料膜的污染,生产能力大幅度下降,影响了农业产量的同时也进一步污染了乡村的人居环境。同时,农业养殖、生活垃圾等也成为乡村生态环境的重要污染源。必须从政策制度、规划治理等多方面入手,改善乡村的生态环境。而东北地区作为严寒气候区域之一,与其他严寒区域一样,其乡村地区存在着经济发展落后、人口基数大、环境恶化等问题,而其在农业生产生态、村镇生态体系、庭院生态系统及农村住宅生态等都存在着粗放型发展、能源浪费等问题,必须从发展生态农业、科学建立村镇体系、建设乡村庭院生态工程、建造宜人乡村生态住宅等方面入手,全面改善乡村生态环境。

1.3.3　东北地区乡村文化研究

东北地区乡村文化的研究聚焦在两个部分:第一部分是东北地区乡村传统文化及其传承问题。乡村传统文化研究主要包括传统民居文化、传统服饰、饮食文化、传统节庆习俗文化、传统戏曲等,其中以满族、朝鲜族等东北地区较具代表性的少数民族的相关研究成果较多,其研究主要是挖掘具有代表性的文化习俗,挖掘其文化及社会经济价值,讨论其保护及传承的主要路径,如常慧以东北地区传统民居文化为研究对象,讨论总结了传统的空间形态、特色行为场所及地域性建筑景观符号等具有东北地区性的特征。第二部分则是讨论乡村文化与城市文化的差距,如吴声怡认为快速城镇化割裂了乡村文化的发展,使人们产生乡村文化落后于城市文化的印象，乡村发展建设普遍出现盲目模仿城市建设的现象，我们必须认识到乡村文化的价值，运用适合乡村发展规模的建设及发展手段营造乡村景观，不可一味模仿城市景象。

1.3.4 东北地区城乡统筹研究

东北地区城乡统筹研究主要在人文地理学和城乡规划学中展开，普遍认为东北地区存在的主要城乡二元结构问题有：城乡产业不协调，城市的工业发展水平较高，而乡村地区仍以小生产的传统农业为主，产业发展严重落后；乡村的消费水平较低，广大乡村地区仍以生存性消费为主，与城市相比发展性、享受性消费还有很大一段距离；乡村地区基础设施落后，与城市相比，投入较少，设施现代化水平较低；生态环境意识较差，无论是城市还是乡村都存在这样的问题，城市将污染企业迁到周边乡村，导致乡村环境迅速恶化。针对这些问题，梅林提出东北地区城乡统筹要选用以城带乡、城乡融合的发展模式，结合东北地区城乡发展现状，运用非均衡网络化的发展模式逐步缩小城乡差距，而衣保中则认为全力发展东北地区现代化农业、促进中小城市发展、逐步建立完整的城镇体系才是东北地区城乡统筹工作的实现路径。

1.4 东北乡村人居环境研究的组织

1.4.1 研究内容

1）研究目的

自 2000 年以来，乡村问题得到国家及社会各界的广泛关注，政府陆续出台各项政策支持乡村建设及人居环境改善，学术界关于乡村人居环境的研究也成果颇丰。目前，东北地区乡村人居环境在国家及地方的共同努力下已取得明显改善，但是对比乡村村民对其生存环境的要求仍有一定的差距。本书通过实地调查和统计数据分析，客观描述东北乡村人居环境的现状，归纳并展示开展新农村建设以来取得的成果，更重要的是分析总结东北乡村人居环境发展到现阶段

所存在的一些问题,借鉴相关成功经验提出未来东北乡村人居环境发展目标及
相应的优化对策。

2) 研究思路

　　基于田野调查数据、各种文献资料以及统计数据,本书对各种数据和资料进
行整合分析,沿着一定的逻辑关系展开研究。现实的逻辑是:在制度制约、经济
水平约束以及当地自然资源限制等背景下,乡村村民展开其生产、生活、文化等
活动,其各种活动作用下形成了独特的空间格局、生态环境及人际关系的人居环
境。本书先行研究其活动,再总结其活动作用下形成的人居环境现状,并在现状
基础上提出具有针对性的推动东北乡村人居环境发展的有效途径(图 1-1)。

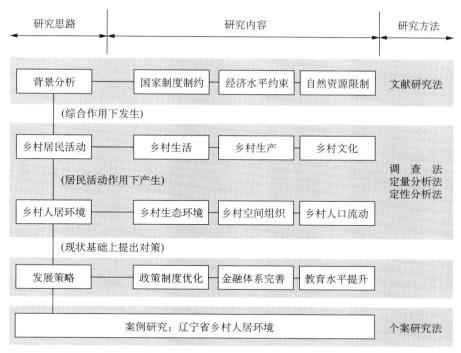

图 1-1　东北乡村人居环境具体研究技术路线示意

3) 研究框架

　　人居环境研究内容分类分为人口流动、生产、生活、生态、文化、空间等。因
此,本书的内容框架根据研究内容分为五个部分,共 12 章。

第一部分,概述部分,阐述本书研究的背景及相关理论梳理,对工作方法、数据来源等作具体说明,为下文的讨论作理论及数据支撑。

第二部分,第 2、3 章,讨论了东北地区整体的人居环境建设现状以及乡村建设相关政策,为下文讨论乡村人居环境提供政策和经济背景。

第三部分,第 4—10 章,也是本书的核心章节,通过理论研究提出东北乡村人居环境理论框架,进而研究东北地区乡村人居环境的现状,主要从乡村的人口流动情况、生产、生活、生态、文化及空间六个方面分别进行详细陈述和讨论,涵盖了乡村人居环境的物质及非物质要素。

第四部分,由于国有农林场的特殊性,将东北地区国有农林场的人居环境作为单独章节(第 11 章)进行研究,主要从生活环境、生产环境、生态环境和空间环境四个方面展开讨论。

第五部分,第 12 章,针对以上对东北乡村人居环境的讨论,对其未来发展趋势提出具有建设性的意见和展望。

4)研究难点

(1)东北乡村差异性较大。由于其地理位置、自然条件、文化背景等众多因素的影响,村庄个体差异性比较大。尽可能选取具有东北地区典型乡村人居环境的代表性案例。

(2)统计数据的缺失。由于我国对农村数据的统计存在缺失,现有的大部分统计数据一般以经济类为主,很少有村内人居环境的相关数据,而乡村的复杂性导致其样本的提取工程较大,仅能选取典型样本作为代表,这导致乡村的研究困难加大。

(3)问卷个别问题的表述方式与乡村村民的文化状况存有一定差距,因此造成了被访者对于问题内容的理解偏差,在对问题解释后村民仍旧认识模糊,导致填答结果出现偏差,造成主观误差。

1.4.2　调查方法与数据来源

1)研究方法

(1)文献研究法:通过收集国内外对乡村及人居环境相关研究的成果,进行阅读、分析和整理，全面、正确地了解掌握研究进展和发展趋势，并获得现实资料的比较资料。

（2）调查法：通过田野调查辽宁省内近 70 个村落，在各个村内进行问卷调查、村书记或村主任访谈等形式获取各个乡村人居环境的一手资料；同时，通过实地踏勘、入户访谈等形式对各村的人居环境进行直观、深入的了解。

（3）个案研究法：为更加全面深入地呈现东北乡村人居环境现状，选取了辽宁省不同地区的乡村作为案例研究。首先，乡村的地形地貌方面，尽量包含东北地区所有的地形地貌，分别选择了辽宁省南部黄—渤海地区、中部辽河地区、东部长白山支脉地区、西部松岭—黑山地区，涵盖了东北三省沿海地区、沿河平原地区、山地丘陵地区，尽最大可能保证深入研究的乡村地形地貌类型丰富。其次，经济发展方面，东北地区是全国重要的老工业基地，其产业特征对全域的经济发展有着深远的影响，而辽宁省又是东北地区老工业产业文化的代表，沈阳及周边的抚顺、鞍山、本溪等老工业城市全国闻名。因此，本书选取了老工业城市近郊的乡村作为研究对象，丰富了乡村产业及经济发展水平类型。最后，文化习俗方面，东北三省共性较强，民族构成均以汉族为主。细论少数民族占比差别，吉林省朝鲜族比例较高；辽宁省满族比例较高；黑龙江省少数民族较为丰富，以"满、朝鲜、蒙古、回"等民族为主。东北地区是满族文化发源地，因此，对于东北地区来讲满族文化更具有代表意义，加之团队前期对满族文化有一定的研究基础，所以选择辽宁省的个别满族文化代表村落作为重点研究对象。

（4）定性分析法：结合东北乡村人居环境理论研究和现状研究，通过实地调查对乡村人居环境核心内容、乡村村民对于人居环境满意度和乡村村民未来发展意愿等采用定性分析法进行研究，据此对乡村人居环境形成整体性的认知。

（5）定量分析法：书稿涉及大量的统计数据和调研数据，对人居环境的不同方面通过数据的定量描述及对比来体现出差异和现状。第 10 章采用乡村性指数评价体系，并借助 ArcGIS 和 Excel 等工具，确定了经济发展基础、农业生产与生活水平、社会发展基础三方面的评价指标以及对应权重，从而构建东北地区县域乡村发展水平评价体系，通过定量分析的方式对整个东北地区的乡村空间发展水平进行评价描述。

2）数据来源

（1）东北三省数据源于各省官方统计数据和全国的统计年鉴，主要有《中国统计年鉴（2016）》《中国农村统计年鉴（2016）》《中国人口和就业统计年鉴（2016）》《中国县域统计年鉴（2015 县市卷）》《中国住户调查年鉴（2015）》、全国人居环境调查以及东北三省统计局官方网站所公布的数据资料——《辽宁省统计年鉴（2016）》《吉林省统计年鉴（2016）》《黑龙江省统计年鉴（2016）》，辽宁、吉林、黑龙江三省的政府工作报告、各行业年鉴及报表。

（2）研究范围内涉及村民主观感受及参与意愿，以及现状问题的提出及发现，以典型村庄实地调查数据为主。

（3）村庄选取以较有代表性的乡村为主。

1.4.3　工作组织

1）调研团队组建

（1）团队成员构成：固定团队由在校老师及学生进行编组，每次调研团队在10～15 人，每次分为 3～5 个小组，每组配备 2～3 人，每组均有课题组老师带队。在校组队后需寻求当地配合，每个小组在入村调研时都有 1 名本村干部加入，这样能保证较快地被村民接纳，节省时间的同时，便于详细了解村内特色并准确锁定调查对象。

（2）团队分工：每个调研小组中分工为问卷调查员、图像采集人员、本村村民领队。问卷调查员负责就问卷内容进行提问、与村民进行沟通并记录，图像采集人员需要对村民以及村内的情况进行图像记录，如村民住房的室内陈设、村民院落内景、民居立面、村内各级道路、村内垃圾收集设施、村内广场文化设施及公共绿地等。本地村干部作为向导，帮忙向村民介绍调查者，并向调查人员提供本村居民的基本个人及家庭信息。

2）调研流程安排

（1）预调研与总结。在调查问卷制定完成后，先对沈阳市城边村、新民村等村庄进行预调研，每村选择 5 户村民，对 3 个村进行调研后，得到调研时的问题反馈,总结问卷提问时存在的问题,总结问卷的提问技巧,调整调研方式,确保调研的科学性、合理性与高效性。

(2)调研行程与安排。主体调研在 2015 年 6—9 月展开,以辽宁省葫芦岛兴城市、朝阳市、丹东东港市、抚顺清原县为序。每个县(市)调研以县(市)长或主管副职召集镇级领导开会并安排调研村,与县领导及各个部门说明来意并进行资料收集和对接;再由县里安排到调研镇进行资料收集和座谈,收集镇级的规划资料及统计现状资料;最后每个镇选取典型村庄。调研团队分组进入村庄,要求与每个村村书记或村主任进行座谈,了解村庄整体情况,并填写相关表格,最后在村庄内随机选取典型村民进行问卷调查和访谈调查。

每个市(县)调研平均时间为 8.8 天,每个镇调研时间平均为 9.5 小时,每份调查问卷争取调查时间控制在 30～50 分钟,村支书或村主任访谈平均时间 60 分钟,典型人物访谈平均时间 45 分钟。调查访谈后当天回到旅店整理调查数据,确保数据的准确性与科学性。

主体调研之后,整理资料梳理书稿发现诸多信息缺失和内容不够深入的情况,于是 2016 年及 2017 年的暑假又分别进行补充调研,主要选取辽宁省乡村人居环境方面具有代表意义的 10 个村庄,以 10 人左右为一个团队进驻每个村庄,进行为期 5 天的调研,除了对村民进行问卷调查和访谈以外,还深入体验村民的生活舒适度,力图能够客观全面地了解东北乡村人居环境。

1.5　东北乡村调查的分析与处理

1.5.1　调查区域选择

本书选取辽宁省作为抽样调查的样本地区。目前辽宁省共有 14 个城市,其中 2 个中心城市,12 个地级市,17 个县级市,645 个镇,农村人口达 2 004.12 万人。根据辽宁省农村的发展现状,调研对象的选择主要考虑到经济发展程度、文化历史背景、所在的地理位置、产业发展类型等四个方面。同时,还根据农村宜居环境的部分要求和条件,选择一些特殊地区的特征性与典型性样本。如在养老方面的调研选择抚顺市红透山镇红透山村的阳光之家公办养老助残机构。重点研究对象则涵盖了研究所需的不同经济发展水平、不同地理条件等特色地区（图 1-2）。

图 1-2　实地调研地点分布示意

1.5.2　典型案例选择

经过比较研究,选择了经济发达的沿海地区丹东东港市、经济发展较缓慢的朝阳县、具有特色产业与发展条件限制的葫芦岛兴城市以及距离中心城市地理位置较近的抚顺清原县 4 个县级市 15 个镇,共 68 个行政村作为调查和研究的典型代表(表 1-1)。

选取结果如下:

(1)镇所在行政村 15 个,其中城边村(与市区相邻)9 个,此类村庄地理位置与经济条件较好,对政策的贯彻与实施度较深入,居民生产生活现代化程度较高。代表着镇内村庄建设的较高水平。

表 1-1 典型调查样本统计表

县(市)	乡(镇)	村庄	县(市)	乡(镇)	村庄
朝阳市朝阳县	北四家子乡	北四家子村	丹东市东港市(县)	北井子镇	北井子村
		马腰营子村			石桥村
		唐杖子村			小岗村
		西山村			徐坨村
		八盘沟村		黑沟镇	朝阳村
	波罗赤镇	波罗赤村			柳河村
		焦营子村			王家岭村
		卢杖子村			卧龙村
	胜利乡	董家店村		前阳镇	农民村
		三家子村			前阳村
		孙家店村			石门村
	瓦房子镇	大杖子村			榆树村
		局子沟村		长山镇	东尖山村
		上三家子村			富家村
		团山子村			杨树村
葫芦岛市兴城市(县)	东辛庄镇	半拉子村			柞木村
		东关站村	抚顺市清原县	大苏河乡	南天门村
		张虎村			平岭后村
	沙后所镇	城内村			长山村
		南门外村			三十道河村
		烟台村			北杂木村
	徐大堡镇	方安村		红透山镇	苍石村
		刘屯村			红透山村
		台里村			沔阳村
	元台子乡	姜女村		英额门镇	崔庄子村
		田屯村			孤山子村
		五家子村			英额门村
铁岭市开原市(县)	庆云堡镇	老虎头村			橡子沟村
		西古城子村	抚顺市新宾县	永陵镇	赫图阿拉村
	城东乡	赵家台村	鞍山市海城市(县)	英落镇	西洋村
	莲花镇	王家店村	营口市大石桥市(县)	水源镇	黑英村
	金钩子镇	红岭村	大连市普兰店区	星台镇	塔南村
	马家寨乡	大红石村			初店村
朝阳市北票市(县)	大板镇	黄土坎村			
		金岭寺村			

（2）普通村 25 个,此类村一般距离镇政府所在地 10～20 千米,并且时空距离 20～40 分钟车程(以车速 60 千米/小时参考)。这类村庄相对整个镇区来说建设开发状况一般,产业结构处于相对转型期,但仍旧以原有的农耕经济二元体制为主。代表着该镇村庄建设的一般水平。

（3）远郊村 13 个,此类村庄一般距离所在镇区或较近镇区 20 千米以上,并且时空距离在 40 分钟以上,且无特色产业支持,经济发展较为缓慢,村庄建设条件较差,农村整体生产生活状态较为传统。代表着该镇村庄建设的较差水平。

（4）特色村 15 个,分别按照产业特色、文化特色、地域空间等,包括中国传统村落赫图阿拉村和唐杖子八盘沟村、村集体整体建设旅游项目的三十道河村、丘陵地带分散布局的塔南村等。

第 2 章　东北乡村发展的政策环境

　　乡村的发展离不开政策的引导与影响,而东北乡村的发展是在全国政策背景之下开展的,深受全国统一政策环境影响。本章主要从乡村相关的城镇化政策变迁、经济体制政策变迁以及东北地区乡村建设相关政策变迁的角度解读东北地区乡村发展的政策环境。以了解乡村发展的历程和不同阶段的特点,进而总结现阶段乡村发展的特征。

2.1　中国城镇化政策变迁

2.1.1　起始阶段(1949—1977 年)

　　1949 年我国城市化率 10.6%,到 1977 年城市化率 17.9%,其间为解决城市 2 000 万青年学生就业问题号召城市青年到乡村地区,有十分之一的城市居民来到农村,城镇化一度出现负增长。这一阶段,乡村村民依旧贫穷,解决温饱成为其发展的首要问题。

2.1.2　起步阶段(1978—1995 年)

　　党的十一届三中全会决定将工作重心转向经济建设,率先在农村实行“家庭联产承包责任制”,为接下来的城镇化提供大幅度地提高农村生产效率的同时,也解放了部分农村劳动力。与此同时国家将原有的社队企业改为乡镇企业,实行乡办、村办、联户办和户办四个轮子一起转促进乡镇企业的崛起。到 1995 年我国城镇化率达到 29.04%,乡村人口“离土不离乡、进厂不进城”成为该时期城镇化的主要特征。

2.1.3 快速提升阶段(1996—2011 年)

20 世纪 90 年代中期之后,我国沿海地区依靠区位优势及政策优势迅速发展,其对于乡村剩余劳动力的吸引力很快超过了乡镇企业,人口流动以跨省、跨区域的长距离迁徙为主,城市规模迅速扩张。截至 2010 年城市空间相比改革开放初期扩大了 3 倍,城市化率也超过 50%。该阶段的城镇化极大地促进了城市发展,同时却给乡村带来了一系列的问题。首先,传统的城市化重视城市工业发展而忽略乡村建设,导致乡村经济建设落后,村民收入及生活水平明显落后,很多乡村青年和中年劳动者进城市务工,导致农村人口结构失调,少年构成了留守儿童群体,老年构成了空巢老人群体,这些弱势群体留守农村的现象极其普遍。其次,城市空间规模快速扩张,大量占用乡村用地,尤其是农业用地和耕地,国家耕地的生命线岌岌可危。再次,城镇化进程中大城市的污染企业外迁至郊区乡村地带,对于乡村生活生产环境产生严重的污染。同时,多种化肥、农药、农膜的使用大大降低了农耕用地的质量,也污染了乡村村民的生活环境。最后,过度重视经济发展而忽略传统文化保护导致乡村文化载体和习俗的大量消失。我国自古便是农业大国,乡村文化底蕴丰厚,随着大量古镇、古村消逝在快速的城镇化进程中,大批乡村文化未能延续。

2.1.4 新型城镇化阶段(2012 年至今)

党的十八届三中全会提出新型城镇化的概念,新型城镇化是以城乡统筹、城乡一体、产业互动、节约集约、生态宜居、和谐发展为基本特征的城镇化,是大中小城市、小城镇、新型农村社区协调发展、互促共进的城镇。该时期的城镇化强调城乡统筹、城乡一体化,提倡城市、乡镇、农村协调发展、相互促进的发展模式。人们开始认识到乡村的价值:首先,农业是人类生存和发展的基础,而乡村是农业生产的主要载体,为确保我国粮食自给自足,乡村发展便是新型城镇化的重点工作之一;其次,为保证在全球经济危机中我国城镇化具有足够的弹性和自我调节能力,保障乡村地区建设和农业发展是我国城镇化的有力后方保障;最后,我国是农业国家,乡村文化中蕴含着几千年的文化,因此发展乡村也是传承传统文化的重要途径。

2.2　中国财政政策变迁

2.2.1　以农养工阶段(1949—2003 年)

新中国成立初期,为稳定物价、恢复经济,中央采取统收统支的财政体制,依靠农村税收满足经济恢复和国家运行的需求,新中国成立初的三年约三成以上的财政收入源于农业各税;而农业财政支出仅占总财政支出的 3%～5%,每年从农村拿走 18 亿元支援工业等发展。第一个"五年计划"时期,我国颁布并实施粮食统购统销制度,同时国家财政管理开始实行分类分成的财政体制,这五年期间农业各税占财政税收的 19.16%～25.06%;而对于农村发展的财政投入只占总投入的5.96%～9.76%,平均每年从农村拿走 30 亿元支援工业发展。1958 年,国家将财政体制改为总额分成制,该时期国家每年从农村取得 21.6 亿～33.1 亿元的税收,而对乡村的财政投入占比在 7.6%～17.01%。1978 年,我国实行改革开放,于1980 年财政体制开始采取包干制,1985 年取消统购统销,1980—1993 年,每年农业各税收入占总税收的比重不足 4.50%,而农业财政支出占比在 7.66%～10.26%,农业支出年增长率为 8.64%,主要用于农业生产、农业基础设施建设和农林、水利、气象等领域。1994 年,随着市场经济体制实行,采取分税制财政体制。2002 年起,逐年减少农村各项税收,同时不断加大对乡村发展的财政支出(表 2-1)。

表 2-1　国家与农业相关财政收支情况汇总表

类别	农业各税额(亿元)	占财政税收比重	农业财政支出额(亿元)	占财政支出比重
统购统支 (1950—1952 年)	19.10～27.35	28.00%～39.00%	2.74～9.04	3.43%～5.25%
分类分成 (1953—1957 年)	27.51～150.68	19.16%～25.06%	13.07～99.58	5.96%～9.76%
总额分成制 (1958—1979 年)	21.60～33.10	—	33.20～172.00	7.60%～17.01%
包干制 (1980—1993 年)	—	低于 4.50%	110.21～376.02	7.66%～10.26%
分税制 (1994—2002 年)	—	—	533.00～1 580.80	7.20%～10.70%

资料来源:《新中国 50 年财政统计》。

2.2.2 城市反哺乡村阶段(2004 年至今)

2004 年,党的十六届四中全会正式提出我国已经进入工业反哺农业、城市支持农村阶段。同年开始在全国范围内全面推进农村税费改革,逐步削减或取消农业各项税,最终于 2006 年彻底取消了农业税,结束了中国延续了多年的农业税。自此,国家对农村的"取予"关系发生了根本性的改变。从 2004 年开始,中央一号文件已经连续十几年涉及"三农"话题,分别从建设社会主义新农村、增加农民收入、加强农业基础建设、加快水利改革发展等多个方面入手推进新农村建设和农业发展。

从财政支出来看,随着进入"工业反哺农业"时期,国家对于"三农"的支出力度显著增加,中央财政对"三农"的投入从 2003 年开始首次超过了 2 000 亿元,达到 2 144 亿元。国家除在原有支援农田水利建设以及农村基础设施建设外,也开始加大农业科技创新推广支出和农村社会事业发展支出,例如乡村教育、乡村卫生和乡村文化等的支出,采用各种补贴方式加强对农民的补贴,具体包括对农民进行粮食直补、对农资进行综合直补以及良种补贴等。2015 年国家用于农林水各项支出 17 380.49 亿元,占总支出的 9.88%。

2.3 东北乡村建设政策变迁

在政策方面总体来看,2006—2010 年东北地区较为注重乡村卫生医疗方面的发展,制定了多个医疗方面的政策;从 2014 年制定的相关政策来看,东北地区主要注重于乡村人居环境的改善;2015 年在乡村人居环境改善的基础上,制定了建设美丽乡村的相关政策;2016 年则针对乡村经济产业的发展以及城镇化建设提出了相关的意见与建议(表 2-2)。

表 2-2　东北三省乡村建设相关政策一览表

年份	政策
2006	《中共中央关于构建社会主义和谐社会若干重大问题的决定》
2006	《黑龙江省关于设立新型农村合作医疗定点医疗机构的指导意见》
2006	《农村卫生服务体系建设与发展规划》
2010	《健全农村医疗卫生服务体系建设方案》
2014	《辽宁省人民政府关于开展宜居乡村建设的实施意见》
2014	《关于做好 2015 年一事一议村内道路和美丽乡村示范村建设工作的通知》
2014	《中共吉林省委吉林省人民政府关于改善农村人居环境的实施意见》
2014	《关于引导农村土地经营权有序流转发展农业适度规模经营的意见》
2014	《国务院办公厅关于金融服务"三农"发展的若干意见》
2014	《国务院办公厅关于改善农村人居环境的指导意见》
2014	《关于改善农村人居环境的实施意见》
2014	《国家新型城镇化规划(2014—2020 年)》
2015	《吉林省改善农村人居环境规划(2015—2020 年)》
2015	《黑龙江省美丽乡村建设三年行动计划(2015—2017 年)》
2015	《黑龙江省"互联网＋农业"行动计划》
2016	《吉林省人民政府关于深入推进新型城镇化建设的实施意见》
2016	《关于推进农村一二三产业融合发展的实施意见》
2016	《农业支持保护补贴资金管理办法》
2016	《国务院办公厅关于健全生态保护补偿机制的意见》
2016	《辽宁省农业产业发展指导意见》
2017	《吉林省改善农村人居环境四年行动计划(2017—2020 年)》
2018	《农村人居环境整治三年行动方案》
2018	《辽宁省农村人居环境整治三年行动实施方案(2018—2020 年)》
2018	《吉林省农村人居环境整治三年行动方案》
2018	《黑龙江省农村人居环境整治三年行动实施方案(2018—2020 年)》
2019	《黑龙江省乡村绿化美化行动方案》

资料来源：中华人民共和国住房和城乡建设部、中华人民共和国自然资源部、中华人民共和国中央人民政府网。

2.3.1 辽宁省：以基础设施整治为重点

针对宜居乡村建设，《辽宁省人民政府关于开展宜居乡村建设的实施意见》颁布。其总体要求是以科学发展观为指导，深入贯彻落实党的"十八大"精神，以实施乡村振兴战略为核心，解决好"三农"问题，并按照国家改善农村人居环境有关工作部署和要求，以保障农民基本生活条件为底线，以村庄环境整治为重点，以建设宜居村庄为导向，遵循因地制宜、量力而行、突出特色、坚持农民主体地位的原则，结合辽宁省实际情况，努力建设宜居乡村，经过一段时间的努力，全面改善农村的生产生活条件。通过继续治理乡村（含国有农场）垃圾、污水、畜禽粪便等污染实现生态环境治理的进步，通过提升绿化、亮化、生态化等相关水平来提升村容村貌，将改造房、水、路等设施作为基础设施改造着重考虑的内容。2014年，"百千万宜居乡村创建工程"开始实施。至2017年，全省共创建100个"宜居示范乡"、1 000个"宜居示范村"（美丽乡村）、10 000个"宜居达标村"，通过这些典型示范，帮助建设宜居乡村。2020年，一批"环境整洁、设施完善、生态优良、传承历史、富庶文明"的宜居乡村建设完成。

为贯彻落实《辽宁省人民政府关于开展宜居乡村建设的实施意见》，改善村民出行条件，提升居住环境，辽宁省人民政府办公厅开展全省村内道路建设三年行动工作。主要目标是到2017年底前，基础设施方面，全省县（市）辖三分之二以上的行政村道路基本实现硬化，其余行政村道路基本实现砂石化。为全面实施政策，辽宁省政府提出了《关于做好2015年一事一议村内道路和美丽乡村示范村建设工作的通知》，明确了具体要求。中共辽宁省委提出了关于辽宁省人民政府关于推进新型城镇化的意见，主要发展目标是到2020年，全省城镇化率达到72%左右。以县城、新区（新城）为突破口，以重点镇和特色镇为补充，发展城市群，促进城镇布局科学合理。全面提升城镇化质量，逐步缩小城乡居民生活水平的差距。将500万人存量农业转移人口市民化、300万人的棚户区和城中村改造、300万新增人口城镇化等问题真正解决。着重推进农业转移人口市民化，发展县城和小城镇，提升城镇综合承载力，提高新区发展效率，抓好老城基础设施配套和环境提升，统筹推进城镇化协调发展和创新机制等方面。2018年辽宁省为推进乡村人居环境建设工作,颁发《辽宁省农村人居环境整治三年行动实施方案(2018—2020 年)》,全面启动农村人居环境整治,2018 年,相关工作有序开展,当年完成农村人居环境整治三年行动实施方案编制,实现村容村貌明显改观。2019 年,突出重点,整体整治,实现农村人居环境明显改善。2020 年,全面完成农村人居环境整治,成效显著,实现村庄环境基本干净整洁有序,村民环境和健康意识普遍增强。

2.3.2　吉林省:以村庄美化绿化为优先

《吉林省改善农村人居环境规划(2015—2020 年)》颁布,主要发展目标是到 2020 年,全省农村生态环境方面基本实现干净、整洁、便捷,建成宜居乐业、各具特色的村庄。基础设施方面农民住房、饮水和出行等基本生活条件明显改善,城乡基础设施和基本公共服务差距逐步缩小,村容村貌进一步改善。

通过"千村示范、万村提升、基础设施全覆盖",实现住房安全舒适、饮水清洁放心、道路平坦便捷、环境清新整洁、设施配套完善、乡风淳朴文明、生活舒心美好,使农民真正过上"住得舒心,喝得放心,走得顺心,环境清新,配套贴心,生活称心"的好日子。重点任务是根据全省村庄现状发展基础和发展条件,将全省村庄划分为基础设施保障型、人居环境提升型和美化绿化示范型三种类型。并结合《中共吉林省委吉林省人民政府关于改善农村人居环境的实施意见》中提出的"六大工程"、30 项整治任务来明确各种类型村庄建设的整治重点任务。

美化绿化示范型村庄是在优先建设基础设施保障型村庄和完善人居环境提升型村庄的基础上,以村庄美化、绿化为重点,打造一批特色鲜明、环境优美、宜居宜业的美丽乡村,引领全省农村人居环境建设水平,该类型的村庄共计 1 180 个。基础设施保障型村庄以优先建设水、路、房、垃圾治理等保障性基础设施为主,该类型的村庄共 2 100 个。人居环境提升型村庄整治标准是在优先建设基础设施保障型村庄的基础上,以农村污水治理为重点,开展环境整治,提升农村文化教育、医疗卫生、社会保障等公共服务水平,该类型的村庄共计 6 060 个。

为深入落实乡村建设,2016 年颁布《吉林省人民政府关于深入推进新型城镇化建设的实施意见》,意见提出积极推进农业转移人口市民化,全面提升城市功能,辐射带动新农村建设,完善土地利用机制,创新投融资机制,完善城镇住房制度,加快推进新型城镇化试点,健全新型城镇化工作推进机制。

2017 年,《吉林省改善农村人居环境四年行动计划(2017—2020 年)》颁布,进一步推进乡村人居环境建设改革工作的开展。计划要求以全面建成小康社会和建设社会主义新农村为统领,以保障农民基本生活为底线,以村庄整治为重点,以建设美丽宜居乡村为导向,科学规划、整合投入、加强组织、全力推进,通过四年努力,确保到 2020 年实现全省改善农村人居环境目标。为持续推进宜居美丽乡村建设,2018 年吉林省颁布《吉林省农村人居环境整治三年行动方案》,提出六项目标和任务:改善农村卫生环境,推进生活垃圾治理,到 2020 年,90% 以上的行政村生活垃圾得到治理;大力实施厕所改造,开展厕所粪污治理,到 2020 年,新改造 80 万户农村卫生厕所;改善农村水环境,梯次推进污水治理,到 2020 年,全省 114 个重点镇和重点流域常住人口 1 万人以上乡镇生活污水得到治理,并抓好已建成污水处理设施的运行管理;改善村容村貌,创建美丽宜居村庄,到 2020 年,自然屯通硬化路率达到 80%,基本完成农村危房改造任务,并抓好已建成污水处理设施的运行管理;改善村容村貌,重点推进农村通自然屯道路建设、整治空间环境、实施村庄绿化、完善照明设施等工作;科学编制村庄规划,加强规划实施管理,到 2020 年,基本完成县域乡村建设规划和实用性村庄规划编制或修编任务,行政村规划管理覆盖率达到 80% 左右;落实建设管护责任,建立长效机制,先建机制、后建工程,建立日常管理有制度、整治实施有标准、稳定运行有队伍、建设管护有经费、工作落实有督查的长效机制。

2.3.3 黑龙江省:以农业产业发展为先导

《黑龙江省美丽乡村建设三年行动计划(2015—2017 年)》颁布,具体目标是:规划科学居态美,村庄规划科学、布局合理、实用美观;生产发展致富美,现代农业产业体系基本形成,农民收入水平明显提高;村容整洁环境美,村容村貌整洁有序,生态文明水平明显提高;服务健全生活美,公共服务日趋完善;乡风文明身心美,村民自治和民主管理日益完善,乡村文化不断发展,农民精神风貌积极向上,生活方式健康文明,农村社会和谐稳定。主要任务包括:生态环境整治方面,实施环境综合整治工程,完善农村环保设施;基础设施方面,加快住房建设,完善路网建设,提高饮水标准;村容村貌方面,加强村庄绿化美化,推进环境长效管护;产业发展方面,实施兴业富民工程,大力发展生态农业,大力发展乡村工业,大力发展乡村旅游业,大力发展商贸流通业;公共服务方面,实施服务优化工程,完善农村公共服务配套和服务水平,推进精神文明建设,强化农村社会管理。

为贯彻落实中央精神,黑龙江政府发布《关于推进农村一二三产业融合发展的实施意见》,《意见》提出以完善利益联结机制为核心,以新型城镇化为依托,以市场需求为导向,以制度、技术和商业模式创新为动力,着力构建农业与第二、三产业交叉融合的现代产业体系,推进农业供给侧结构性改革,形成城乡一体化的乡村发展新面貌。注重坚持因地制宜,分类指导,探索不同地区、不同产业融合模式;坚持尊重农民意愿,强化利益联结,保障农民获得合理的产业链增值收益。到 2020 年,力争农村产业融合发展总体水平明显提升,基本形成产业链条完整、功能多样、业态丰富、利益联结紧密、产城融合更加协调的新格局,农民收入持续增加,农业竞争力明显提高,农村活力显著增强,为国民经济持续健康发展和全面建成小康社会提供重要支撑。主要任务是发展多类型农村产业融合方式,零点推进新型城镇化,加速农业结构调整,延展农业产业链,大力发展农业新型业态,引导产业集聚发展;培育多元化农村产业融合主体,强化农民合作社和家庭农场基础作用,支持龙头企业发挥引领示范作用,发挥供销合作社综合服务优势,积极引导行业协会和产业联盟的发展,鼓励社会资本投入;建立多形式利益联结机制,创新发展订单农业,鼓励发展股份合作,强化工商企业社会责任,健全风险防范机制;完善多渠道农村产业融合服务,构建公共服务平台,创新农村金融服务,强化人才和科技支撑,改善农业农村基础设施条件,支持贫困地区农村产业融合发展。

为提高全省农村人居环境整治水平、实现建设美丽宜居村庄目标,颁布《黑龙江省农村人居环境整治三年行动实施方案(2018—2020 年)》,提出的主要目标有:截至 2020 年,全省 90％以上村庄实现绿化。全省 90％以上的行政村的生活垃圾得到治理,农村卫生厕所普及率达到 85％以上,行政村通硬化路率达到 100％,基本建立与全面建成小康社会相适应的农村生活垃圾、污水、厕所粪污等治理体系和村容村貌管护机制。基本实现村庄环境干净、整洁、有序的目标,村民环境卫生意识普遍增强,农村环境"脏、乱、差"问题有效解决。我省将打造三类行政村,包括美丽宜居型行政村、改善提升型行政村、基本保障型行政村。按照 2018 年、2019 年和 2020 年分别完成三类行政村整治目标任务 20％、40％和 40％的进度推进整治工作。

　　为推进乡村绿化美化进程、提升村容村貌、建设美丽宜居乡村,2019 年颁布《黑龙江省乡村绿化美化行动方案》。具体的工作目标:至 2020 年,建成 50 个特色鲜明、美丽宜居的森林乡村,建设 5 个以上乡村绿化美化示范县,全省村庄绿化覆盖率达到 30％。至 2022 年,乡村绿化美化持续推进,森林乡村建设扎实开展,乡村自然生态得到有效保护,绿化总量持续增加,生态系统质量不断提高,村容村貌明显提升,农村人居环境明显改善,全省村庄绿化覆盖率达到 32％。同时要求,各县(市、区)要在适宜区域大力推广栽植樟子松、红皮云杉、青扦、白扦、圆柏等常绿树种,注重乔木与灌木相结合、落叶树种与常绿树种相结合、生态树种与经济树种相结合,切实提升乡村绿化美化效果。

第3章 东北乡村人居环境的基础条件

本章从整体上阐述东北乡村人居环境建设的区域背景、现状水平与问题。首先,介绍东北地区的区位交通、历史人文、经济水平和社会发展等方面的现状,为乡村人居环境研究提供区域背景信息。然后,从东北三省整体角度出发概述其乡村的发展历史,包括人口变化、产业结构调整及文化社会发展等方面。

3.1 东北地区概况

目前,东北地区存在众多问题,如县域工业发展不振,对外贸易发展乏力,财政收入增长波动较大,国有经济、重工业比重过大,创新能力不足,以及经济增长下降等问题。未来,在新一轮东北地区发展振兴政策的推动下,将不断全面深化改革,从而进一步保障和改善民生。

3.1.1 区位交通

东北地区我国纬度偏北、经度偏东的区域,这里位于东北亚的腹地,东南隔海与日本相望,南面与朝鲜相接,北面与蒙古国和俄罗斯相邻,西南濒临渤海和黄海。内外交通发达,基本形成公路、铁路、水运、航空和管道等多种交通运输方式构成的综合交通体系。东北铁路网以沈阳、哈尔滨、四平为中心,以西北—东南走向的滨州、滨绥线为“横轴”,以东北—西南走向的哈大线为“纵轴”的“T”字形骨架(图3-1)。公路以沈阳、大连、长春、哈尔滨为枢纽,以“六纵六横”国家干线公路和高速公路网为骨架(图3-2),以省道、县道、乡道为网络,形成干支结合、纵横交错、区际联系紧密的公路系统,沟通周边地区和国家,连接区域内城乡、江海港口、口岸。东北地区以松花江和黑龙江为主形成重要内河港口:沿海以大连港、营口港为主,丹东港、锦

州港、葫芦岛等港口为辅的格局,建立同国内和世界其他国家与地区联系的
海上运输港口体系。航空形成以沈阳、大连、长春、哈尔滨四大中心为枢纽
的空港运输体系。

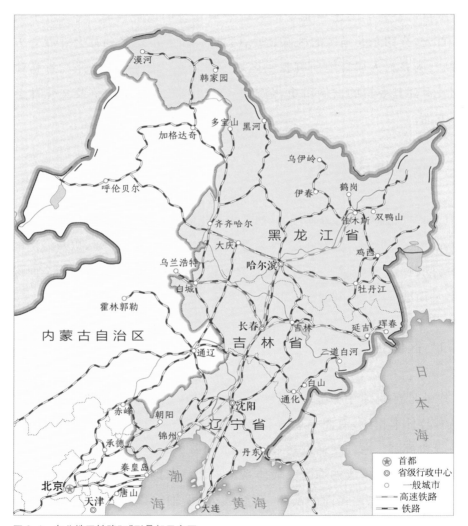

图 3-1   东北地区铁路"T"形骨架示意图

图 3-2　东北公路网示意图

3.1.2　开发历史

　　"东北"一词,最早发现于《周礼·职方氏》。"东北曰幽州,其镇山曰医巫闾。"《山海经》中,"东北海之外,大荒之中","有山,名曰不咸,有肃慎氏之国"。元朝《大元一统志》中说:"开元路,南镇长白之山,北浸鲸川之海,三京故国,五国旧城,亦东北一都会也。"清朝康熙说:"谕朕前特差能算善画之人,将东北一带山川地里,俱照天上度数推算,详加绘图视之,此皆系中国地方。"(《清实录康熙朝实录》)。1945—1954 年,中共中央设东北局和东北人民政府,以辖辽东、辽西、热河、内蒙古自治区、吉林、松江省、黑龙江 7 个省区。东北地区不是行政区划,它只是口头的约定俗成。仅在个别时期,东北地区才与东北所处的行政区重合,比如元朝辽阳行省、清朝 1636—1644 年盛京总管以及 1947—1954 年东北人民政府,其管辖的 7 省区就是现在东北地区的辽宁省、吉林省、黑龙江省、内蒙古自治区东部五盟市(呼伦贝尔市、通辽市、赤峰市、兴安盟、锡林郭勒盟)、河北省的承德市、秦皇岛市。

东北既是一个相对完整的地理单元和经济区,也是一个地理文化大区。中华文化的发源地之一就包括东北,旧石器早期就有人类在此活动,辽河、松花江流域遍布各类遗址,其文化遗址类型与北京猿人、山顶洞人的文化遗址类型基本特质完全一样。伴随着金牛山和鸽子洞文化、庙后山文化、辽东半岛小珠山文化、沈阳新乐下层文化、海拉尔西沙岗文化、西辽河红山文化等的出现、传承,东北文化薪火相传。东北部族文化发展伴随着生产发展、移民、民族融合,产生了汉满农耕文化、蒙古草原游牧文化、北方渔猎文化、朝鲜族丘陵稻作文化、俄罗斯民族文化。从地域来看,可以把东北人文地理划分为大兴安岭人文地理区、松嫩平原人文地理区、三江平原人文地理区、呼伦贝尔草原人文地理区、辽西关东人文地理区、辽中都市人文地理区、辽东丘陵人文地理区、长白山地人文地理区和内蒙古高原东部人文地理区。

3.1.3　经济水平

从国际层面来看,东北地区正面对复杂的国内外经济环境和经济下行压力,面临着需求不足、成本上升、产能过剩等困难和问题。

目前,国内国外经济环境不容乐观,有风险但亦有机遇。经济全球化的不断推进带来了文化的共融,电子信息技术的发展使沟通更加便捷,科学技术的变革使得产业亟待升级。然而,金融危机的影响并没有完全消失,传统工业一直存在着供大于求的产能过剩问题,传统工业产品价格起伏较大,国际贸易一直处在低迷的状态。存在国际贸易壁垒,一些发达国家将产业再次向传统工业靠拢,导致国际竞争更加激烈。在这样的国际工业发展背景下,以传统重工业为主导产业的东北地区的发展将面临更大的挑战。

从全国层面来看,经济正在又稳又快地发展,经济的发展意味着有更多的机会和更多的增长动力,但是经济发展地域不均衡,东北三省经济发展水平在全国垫底。在振兴东北老工业基地的战略下,东北获得了许多政策的支持,为东北发展遇到的瓶颈提供了解决方案,为东北抓住经济发展的机遇提供了动力。东北地区经济增速放缓,主要经济指标中大部分指标增幅较小,降速较大。2015 年,在全国 31 个省、自治区、直辖市中,辽宁省的国内生产总值在排名倒数第一,吉林省和黑龙江省分别位列倒数第四、倒数第三。增速均为东北老工业基地振兴以来的最低值。社会消费品零售额、固定资产投资、出口总额、进口总额、公共财政收入等方面均比上一年有所下降(图 3-3)。

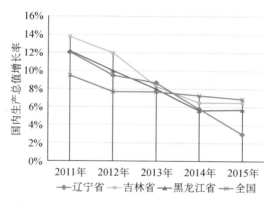

图 3-3　2011—2015 年东北三省 GDP 增长率与全国平均水平比较

资料来源:《中国统计年鉴(2016)》。

东北地区在主要经济指标同比增长的情况下,生产总值同比增长低于全国平均水平,社会消费品零售额同比增长低于全国平均水平,城镇居民人均可支配收入同比增长低于全国平均水平,农村居民人均可支配收入同比增长低于全国平均水平。对比全国农村人均可支配收入,东北地区三省增幅低于全国平均水平,2011 年吉林省、黑龙江省高于全国水平,2015 年却降到低于全国水平(图 3-4)。

从东北自身看,东北作为老工业基地在十几年振兴政策实施方面取得了明显的成绩,但在产业结构、创新能力和管理体制方面的问题依旧较为突出。不同于经济发达地区,东北地区这些年在经济增速方面持续回落,近几年下降迅速;固定资产投资增速放缓,辽宁、黑龙江工业增速放缓,尤其辽宁省下滑迹象明显;

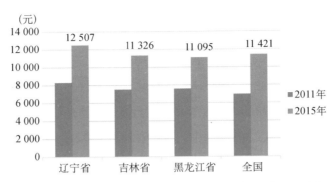

图 3-4　东北地区乡村人均可支配收入与全国平均水平比较(2015 年)
资料来源:《中国统计年鉴(2016)》。

创新能力不足,服务业发展整体滞后;城乡居民收入增长缓慢,在全国经济地位
中呈下降趋势。经济发展的机制还存在着更深层次的矛盾,国有企业长期处于
发展动力不足的状态,民营企业的发展也不充分,国内的市场要素和体系不健
全;科技给予经济发展的支撑力量不够,传统工业占很大的比例,主要体现在资
源型工业和重化工型工业上,这些产品占工业产品的比重较高,最终资源的枯竭
影响产业持续发展,同时也带来了严重的生态问题。根深蒂固的国有资源型产
业,使得资源型城市想要转型很难,具体体现在公共服务设施缺失、地方政府思
想相对保守、难以适应经济新常态。

综合判断,东北地区正处于发展的关键核心时期,应该抓住机遇实施相关战
略。因此,各级政府要重视机遇与发展的关系,遵循党中央制定的关于振兴东北
地区的有关部署,充分利用各种条件和优势,营造新型空间以及发展新优势,集
中力量打造创新发展的新局面。

3.1.4　社会发展

相对全国来讲,东北地区的乡村改革依然是跟随国家的方针政策逐步推进,
缺少针对所有权、经济体制等进行的实质性深化,因此,需要从根本上制定策略,
以活跃农村经济。

近年来,东北地区注重加大乡村改革推进力度,在稳定经济增长,促进改革发展、
调整产业结构、重视民生等方面做出了多项举措,有效地改善了农民的生活水平。

1) 辽宁省

自党的十八大以来,辽宁省通过推进农村相关政策改革,使得物价相对稳定、农民收入持续增长、生态建设得到有效发展、就业状况有所改善,其他各项社会工作也得到了一定的发展。

(1) 农民收入增加、服务业有所发展

辽宁省农民家庭人均收入呈现出逐年增长趋势,收入来源日趋多元化,收入结构不断优化,从单纯地依靠农业、林业、渔业等第一产业为主,通过外出务工向服务业发展。但与城镇家庭相比,农村家庭的总体收入依然偏低。

新兴服务业成为新增就业主渠道。随着乡村旅游的兴起,许多风景优美、资源独特的乡村成为人们短期度假的首选。农民利用自然条件,积极发展农家乐、采摘园等创收形式,乡村旅游成为农民增加收入的主渠道。

(2) 医改工作进一步深化,扶贫工作进一步细化

辽宁省倡导医改惠民十项工作,对县级公立医院进行综合改革,在各乡镇建立政府管理的卫生院,全面推动乡村医改,为之后乡村医药改革继续发展开辟了前进的道路。

扶贫工作取得成效,贫困人群数量降低,但现有贫困户脱贫工作较难进行,辽宁反贫困工作已经走入精细化管理的层面。"应保尽保"目标成为现实,辽宁低保救助"社会最后安全网"的功能也崭露头角。到 2014 年年底,全省贫困人口的数量下降至 214 万,降低了 31.8%。2015 年,辽宁省经过扶贫开发减少了 60 万贫困人口。

(3) 简政放权力度空前,社会治理力度加大

辽宁省着力推进深化行政审批简政放权工作,参照江浙沪等先进地区取消和下放情况,建立自上而下的带动示范机制,有效释放市场活力,促进政府廉政建设,为经济社会持续健康发展提供了机制保障。

2) 吉林省

吉林省为我国粮食大省,粮食产量稳居全国前位,粮食单产位居全国首位。近年来,吉林省政府持续关注"三农"问题,农村生活水平有了明显改善。

（1）农民生活持续改善

2015年,吉林省农民人均可支配收入达到11 326元,农村低保标准达到年人均2 719元,基本医疗保险补助标准达到380元,解决了98.1万农村人口饮水安全问题,扎实推进农村义务教育,县级公立医院综合改革实现全覆盖。国务院正式批准在吉林省开展农村金融综合改革试验,并作为国家金融改革创新战略推进。吉林省村镇银行基本实现全覆盖。

（2）农业现代化不断提升

响应国家农业现代化的号召,吉林省正在逐步完善农业的各项基础设施的建设,产量中等和较低水平的农田被改造,2015年,已经完成了高标准农田面积约133.3万公顷。同时科技创新成果也逐步应用到农业中,吉林省为生产粮油而打造的高产示范田已经建成了625个。农作物的耕种机械化水平已经达到80%。在产品品牌方面,积极打造"吉林大米",已经取得了销量的提升,并且使农民增收。吉林省作为农业大省,积极响应国家的号召,建立了"粮改饲"和"种养结合"模式的试点,粮食的储存也得到了改善,新建了50亿公斤的粮仓。作为国家粮食试点,成果已经初见成效。

（3）农村环境得到改善

根据党中央的号召和要求,农村必须以建设新农村、建设美丽乡村为目标。农村土地的经营权做好确认工作,并且要为经营权颁发相关证明。截至2015年,经营权抵押已经在吉林省37个县(市)开始启动。土地的流转面积占农村土地面积也已经提高了三个百分点。积极建立农村集体建设用地的试点,其中供销合作社模式试点也在建立当中。延边州已经获得国务院的批准,成为全国性的农村改革试点。

3）黑龙江省

黑龙江省重点推动科技成果产业化,第一、三产业的发展速度有所提升,第二产业的结构出现了一定的改变。

（1）农业建设现代化

黑龙江省启动了以千亿斤粮食为目标的产能工程,加快两大平原农业现代化配套设施的建设,推进农业经营主体的变革、农村土地管理制度的变革、金融服务的变革,建立健全农产品价格调整机制,改革创新政策。从水利、科技、农机、生态这四个方面入手,以提升粮食产量为目标,以建设高标准农田为手段,黑龙江省已经取得了连续五年粮食总产量的全国第一,为我国的粮食保障提供了巨大的支持。

（2）农民生活得到改善

黑龙江省出台农村住房改造政策,提出改善村民居住环境,改造农村泥草（危）房,建设中心村文化广场,解决农村及乡镇人口饮水安全问题,农村居民人均可支配收入增长 6.1%。

2015 年,在居民养老保险方面,基础的养老保险已经提升到 70 元/(人・月),比原来提升了 15 元。农村的养老保险最低标准提升到了每人每年 3 500 元,比原来提升了 736 元。为了改善农村贫困地区的办学条件,已经扩建了 95 万平方米校舍。在大病保险方面,新型的农村合作医疗筹资标准已经提高到了每人每年 500 元。

（3）农村政策改革进一步推进

农村宅基地的使用权证明已经陆续发放,集体用地的使用权与集体林地的使用权等将陆续发放,农村用地的流转和经营成为新的发展趋势。数据显示,农村的贷款余额为 7 314.3 亿元,同比增长 27.8%。将土地和林地的经营权,大型农机具的使用权作为抵押,开展农村金融产品的创新。为之,黑龙江省已经成立了农业信贷担保公司,种植业的保险也逐步落实。与此同时,农产品价格的改革和畜牧业的改革也在不断推进。积极完成绿色食品种植土地的认证,至2015 年,已经有 52 种农产品获得了国家地理标志的认证。信息技术的不断发展,使得农业发展更加科学,黑龙江省利用现代信息技术向外界展现农产品生产和销售的全过程,让消费者购买得更加放心、安心。

3.2　东北乡村发展

3.2.1　历史沿革

东北地区拥有丰富的自然资源与广袤的土地,乡村发展有着悠久的历史。

本土乡村人口目前以汉族为主,满族、蒙古族、朝鲜族等多民族汇聚,各民族乡村聚落相互促进、共同发展,形成了独特的乡村发展格局与空间特色。

东北作为满族的发祥地,可以追溯到先秦时期。初期,满族聚落主要集中在松花江下游、牡丹江下游一带,以狩猎、渔猎、采集为主要经济形式,乡村聚落呈点状分布;1616 年,努尔哈赤统一"后金",主要经济形式向农业过渡,乡村聚落以方格网状线形发展;1653 年,清朝政权稳定后,许多旗人回到东北,选择的聚居地多是依山傍水之地,这些地区成为如今满族的聚居地。

从 19 世纪 60 年代开始朝鲜族人跨图们江、鸭绿江定居东北地区,经历了自然灾害引发的移民(1860—1910 年)、日本殖民朝鲜引发的移民(1910—1931 年)和日本政府强制移民(1931—1945 年)三个阶段。新中国成立后,根据分布在东北的朝鲜族的意愿,正式确立朝鲜族为我国少数民族之一。朝鲜族的乡村聚落是以水稻、黄豆、玉米为主要种植作物的农耕经济,早先诸多村落多选择沿河流与道路分布于山脚下,当其规模发展到一定程度时就会顺着河流等继续延伸,而构建的公共空间多位于村落的中心地带。

历史上对东北地区发展影响最大的是持续了 300 多年的"闯关东",尤其以清末时期规模最大,影响深远。鸦片战争后,清政府全面解封东北地区,引发大量关内汉族人口迁入。据估计,闯关东总人口约有 3 000 万。他们不仅带来了众多的人口,同时也将成熟的生产技术以及齐鲁文化带到了东北地区,对原住民的乡村发展产生了极大的促进作用。

东北地区的乡村发展伴随着移民、各民族的融合而演变,形成了独特的多民族的"亚文化"特殊区域。

3.2.2 人口变化

乡村人口发展决定着人居环境建设进程,也是新型城镇化推进的关键问题。东北地区乡村人口发展面临持续减少、老龄化、大量流出等全国共性问题,也有生育率低、负增长等特殊情况。

数据显示东北地区乡村人口有所减少,由 2006 年 4 811 万人减至 2015 年的 4 232万人,减少幅度为 12.03%,低于全国水平的 17.51%,东北地区乡村人口占

全国乡村人口的比重呈增加趋势,两年的比重分别为 6.57%(2006 年)和 7.01%
(2015 年)(表 3-1,表 3-2)。和全国平均值相比,东北人口出生率远低于全国,死
亡率略低于全国,自然增长率远低于全国,处于小幅度的负增长状态,农村地区
负增长形势更加严峻。抽样调查数据显示,东北地区 65 岁以上的老人占比为
12.8%,比 2006 年高出 2.2%,人口年龄结构变化显著,老龄化趋势明显,乡村实
际居住人口老龄化更加严重。各村的调查数据显示大部分村庄常住人口仅占村
户籍人口的三分之一,且以老人和孩子为主,东北地区乡村老龄化与空巢化程度
非常高。

表 3-1　东北地区乡村人口基本情况一览表(2006 年)

地区	总人口(万人)	乡村人口(万人)	出生率	死亡率	自然增长率
全国	131 448	73 160	12.09‰	6.81‰	5.28‰
辽宁省	4 271	1 752	6.40‰	5.30‰	1.10‰
吉林省	2 723	1 281	7.67‰	5.00‰	2.67‰
黑龙江省	3 823	1 778	7.57‰	5.18‰	2.39‰
东北地区	10 817	4 811	7.13‰	5.18‰	1.95‰

资料来源:《中国统计年鉴(2007)》。

表 3-2　东北地区乡村人口基本情况一览表(2015 年)

地区	总人口(万人)	乡村人口(万人)	出生率	死亡率	自然增长
全国	137 462	60 346	12.07‰	7.11‰	4.96‰
辽宁省	4 382	1 431	6.17‰	6.59‰	-0.42‰
吉林省	2 753	1 230	5.87‰	5.53‰	0.34‰
黑龙江省	3 812	1 571	6.00‰	6.60‰	-0.60‰
东北地区	10 947	4 232	6.00‰	6.30‰	-0.29‰

资料来源:《中国统计年鉴(2016)》。

东北地区吉林省和黑龙江省属于乡村人口净流出区域,辽宁省基本持平。
在省内一般为向就近地级市、省会流动,跨省则以向华北、华东地区大中城市流
动为主。大城市以及周边的相关区域均为人口净迁入区,以长春为核心的吉中
城市圈、以哈尔滨为核心的北部城市圈,以及以沈阳、大连为核心的辽中南城市

圈为主要的人口净迁入区,而大部分边远乡村区域则属人口净迁出区(图 3-5)。

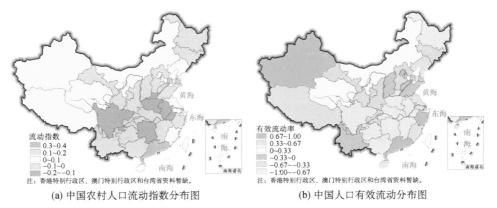

(a) 中国农村人口流动指数分布图   (b) 中国人口有效流动分布图

图 3-5　中国农村人口省级流动情况分析图

资料来源:高更和,罗庆,樊新生,等.中国农村人口省际流动研究——基于第六次人口普查数据[J].地理科学,2015,35(12):1513-1514。

3.2.3　产业结构

　　东北地区乡村产业经济在传统玉米、大豆、小麦、水稻等传统农业的基础上,向设施农业、精细化农业等现代化农业发展,农产品加工业与多元农业生产带动能力不断增强,农业产业示范基地建设不断深入,农村休闲功能得到深度挖掘。近年来,乡村产业呈现多元化特征,有效带动农民收入持续增加,农村产业发展有了大幅度改观。但相比于全国发达地区,东北三省的农业还存在农业规模化经营程度不高、农业产业化水平有待提高、农业标准化生产相对滞后等问题。

　　东北地区乡村的第一产业主要以玉米、棉花、大豆等农作物种植为主。农业资源丰富,粮食总产量位于我国的前列(表 3-3)。以耕地做比较,吉林省和黑龙江省的耕地处于我国耕地面积的前列,辽宁省居中(表 3-4)。东北三省农业现代化水平存在一定差异,其中辽宁省最高,黑龙江省最低(表 3-5)。与全国相比,辽宁、吉林二省领先于国家平均水平,黑龙江省较为落后。东北地区还远达不到农业现代化的要求,主要体现在农业水利设施、农业节水技术、农业机械化水平、农业经营管理人才和农业劳动生产率方面,因此这成为当下东北地区推进现代农业的主要努力方向和建设重点。

表 3-3 东北地区主要粮食作物产量与全国总量对比(2015 年)

地区名称	谷物(万吨)	稻谷(万吨)	小麦(万吨)	玉米(万吨)	谷物占全国比重
辽宁省	1 927.3	467.7	2.7	1 403.5	3.37%
吉林省	3 538.9	630.1	0.1	2 805.7	6.18%
黑龙江省	5 786.3	2 199.7	21.8	3 544.1	10.11%
东北地区	11 252.5	3 297.5	24.6	7 753.3	19.66%
全国	57 228.1	20 882.5	13 018.5	22 463.2	

资料来源:《中国统计年鉴(2016)》。

表 3-4 东北地区耕地资源统计与全国总量对比(2015 年)

地区名称	耕地面积(千公顷)	占全国比重	排名
辽宁省	4 977.4	3.69%	16
吉林省	6 999.2	5.18%	8
黑龙江省	15 854.1	11.74%	1
东北地区	27 830.7	20.62%	—
全国	134 998.7	100%	—

资料来源:《中国统计年鉴(2016)》。

表 3-5 东北地区农业机械化指标与全国总量对比(2015 年)

地区名称	农业机械总动力(万千瓦)	大中型拖拉机(万台)
辽宁省	2 813.9	23.15
吉林省	3 152.5	52.16
黑龙江省	5 442.3	96.80
东北地区	11 408.7	172.11
全国	111 728.1	607.29

资料来源:《中国统计年鉴(2016)》。

　　东北地区乡村的第二产业主要以村内资源或手工业的初步加工为主,这与村的原有产业或地域背景有关,如村内的海产品加工、服饰加工、木材加工等。以辽宁省为例,东港沿海村庄村民多从事海产养殖与捕捞,在此基础上发展了多家海产品加工厂。兴城的海滩资源良好,激发旅游业兴起,村民多以家庭为单位在泳衣厂领取任务从事泳衣加工。除了具备这些特殊资源的村庄外,多数村民的二产收入来源一般发生在城镇内,进城务工的村民一般从事建筑业、纺织业以及机械加工等。地方的整体工业化程度对村庄的二产发展有较大影响,例如在村内产业的地域分布上,辽宁省从事二产的村庄普遍多于黑龙江和吉林两省,这也跟辽宁省工业化程度较高有关。近年来村内的第二产业纷纷开始升级,这源于现在经济背景的要求,同时东北三省现在对环保与生态保护的重视,但更多的来自企业自身发展的需要。

东北地区的乡村第三产业原有类型主要为村内的商业及交通运输业,一般以解决村民的日常所需为主。东北乡村地区不但有丰富的农产品,还有美丽的原生态自然风光,并且随着近几年旅游业的兴起,部分村庄依靠自身资源优势大力发展旅游业,这使得乡村旅游业逐渐成为周边城市居民周末度假的首选,带动了农村第三产业的发展。东北三省一些大城市周围最早开始出现乡村旅游业,乡村旅游业刚起步时,由于其规模小、娱乐项目少等原因并没有很受欢迎。但到20世纪90年代,许多农民已经创立了有特色的农家乐。今天,乡村旅游业已经建立了风景观光、旅游度假、民族风情、种植体验等多种类型。但是就规模及总量而言仍为全国乡村旅游发展的落后省份(表3-6)。乡村旅游业在东北三省有以下几种经营方式:农户个体经营、公司独立经营、农户合作、农户与公司合作、农户与社区与公司合作、政府与公司与农户合作等。

表3-6 2011—2015年东北地区国家乡村旅游示范点一览表

年份	全国示范县/村总数(个)		示范村数量(个)			
	示范县	示范村	辽宁	吉林	黑龙江	总计
2011年	38	100	3	2	2	7
2012年	41	100	3	3	3	9
2013年	38	83	2	2	2	6
2014年	34	100	3	2	3	8
2015年	64	153	4	4	5	13
总计	215	536	15	13	15	43

资料来源:根据国家旅游局每年全国休闲农业与乡村旅游示范县、示范点认定名单公示统计绘制。

村庄旅游产业的类型要取决于村庄的地理位置、自然资源、历史文化以及周边环境等因素,根据资源的类型可将东北三省乡村旅游资源分为农业景观、聚落景观和民俗文化景观三大类。以辽宁省为例,部分村庄由于邻近市区,并生产瓜果等食品,便于以农家乐和采摘园的形式吸引城市游客;部分乡村由于拥有温泉等资源开辟了温泉山庄,并对本村及近村村民实行优惠的策略,同时吸引城市游客;少数村庄依靠着较具特色的历史文化或民俗文化建设特色民族村,如赫图阿拉满族村。东北三省乡村旅游的主要客源以就近城市居民为主,旅游服务设施逐步得到完善,省内的旅游主要以当天经返为主,过夜停留的比重不大,这一情况说明东北三省境内的乡村旅游体系以及配套设施完善程度还不足,当前应注重对旅游项目的开发与构建,以及对相应配套设施的建设,以吸引更多的外来资金,提高村庄的旅游服务水平,带动乡村经济发展。

东北三省的农村经济发展水平不同。辽宁省、吉林省与黑龙江省之间的农村经济发展水平差距较大,并且这一差距还在继续拉大,而吉林省和黑龙江省农村经济发展水平比较接近。农村的发展要素有自然条件、经济背景、人文环境、政策因素等多个方面,其中自然条件和经济背景是影响农村经济发展水平最主要的两个因素。相对而言,东北三省农民的生活水平较高,东北地区的农民人均收入高于我国西北和中部地区,处于中游水平,但与我国东部地区存在着巨大差距(表 3-7)。

表 3-7　农民人均可支配收入对比一览表

地区名称	农民人均可支配收入(元)	排名
辽宁省	12 056.9	9
吉林省	11 326.2	10
黑龙江省	11 095.2	13
上海市	23 205.2	1
浙江省	21 125.0	2
山东省	12 930.4	8
全国	11 421.7	——

资料来源:《中国统计年鉴(2015)》。

3.2.4　文化社会

东北地区一直是众多少数民族聚居的区域。清末、民国时期,汉族人为了逃避战乱与自然灾害,大规模地移居东北地区,东北地区大部分的乡村由此发展起来。东北乡村的文化特点与其发展历史、民族属性、自然地理等有关,这些因素直接或间接地影响着东北乡村的生活起居以及审美情趣,由于东北许多乡村都是山东和河北两省闯关东时期形成的,所以东北在饮食习惯上也与其相似。

19世纪后,东北的生活方式受国外影响较为明显,黑龙江受俄国的影响较重,而辽宁、吉林两省更多受日本影响,在东北地区内部形成一定的地域差异。为避免务农时野兽进屋伤害婴儿,满族人生活的村庄将孩子安置于悬挂在房梁上的摇篮里,这种习惯也被汉族人所仿效。东北地区的严寒导致冬季难以获得新鲜蔬菜,一般在冬季需要储存大量的蔬菜,许多村民家中都建有地窖。与此同时,各类具有东北特色的储存蔬菜的方法也应运而生,如腌酸菜、晾干菜等。

东北传统民居的建筑形式类似,在东北民居的院落中,房屋的布置较为松散,正房与厢房间留有较大的空隙。从院外到院内,房屋的台阶和体量,是一个逐渐升高的过程,因此,正房是最宽大明亮的。采用这样的布局形式,首先是因为东北地广人稀;其次是因为东北冬季比较寒冷,为了让正房获得更多的日照,正房与厢房之间的距离较大。东北民居室内的建筑特色是其取暖设施——火墙,用砖砌的墙,墙内有通烟风道。在较大的住宅中,为了减少烟灰对室内的影响,就会设置火墙,火墙由于是两侧散热,取暖效果好,在东北乡村地区被广泛使用。乡村村民冬季采暖最常见的方式是火炕,即在炕下用砖砌筑烟道,导入厨房炉灶的烟,制作一日三餐的同时解决房屋采暖问题。

第4章 乡村人居环境理论框架

随着乡村经济的发展,乡村的主要功能不再是农业生产,而是多功能复合的。本章依据乡村多功能理论和人居环境理论,从功能分类角度将乡村人居环境细分为生活环境、生产环境、生态环境、文化环境、空间环境和人口流动六个方面。

4.1 人居环境理论体系

4.1.1 国外人居环境研究

以 19 世纪工业革命为开端,欧洲率先开展针对提高城市居住环境的研究。以霍华德开创的田园城市运动等为背景,盖迪斯、芒福德全面地推动了人居环境的改善。1954 年,道萨迪亚斯提出"人类聚居学",他将人类聚居分为自然、人、社会、建筑、支持网络等元素。人类聚居学是人居环境研究的基础,人居环境研究是宜居城市研究的基础。人类聚居学提出后,人居环境研究受到高度重视,联合国相继在 1976 年和 1996 年召开人居大会,对"人类聚居"和"宜居性"的概念进行诠释(表 4-1)。

表 4-1 世界人居环境相关重要历史事件

年份	组织名称	主要观点
1961 年	世界卫生组织	提出居住环境的内涵包含安全、健康、便利、舒适,并对居住环境进行首次系统评价
1963 年	联合国	设立联合国人类居住环境奖
1976 年	联合国第一届人居大会	正式提出"人类聚居"的概念。成立联合国人居委员会和联合国人类住区委员会
1977 年	CIAM 国际现代建筑学会	拟定《马丘比丘宪章》,提出人居环境研究是宜居城市研究的基础;在提升城市人居环境的同时,针对宜居性的研究也逐渐展开
1989 年	联合国	设立联合国人居奖

表 4-1 世界人居环境相关重要历史事件(续表)

年份	组织名称	主要观点
1992 年	联合国	里约热内卢会议通过《21 世纪议程》,人居环境作为重要研究内容
1996 年	联合国第二次人居大会	首次对"宜居性"进行解释指空间、社会、环境的特点与质量。提出人人享有适当的住房和人类住区可持续发展的理念
1999 年	CIAM 国际现代建筑学会	提出《北京宪章》,强调"建立一个美好、公平的人居环境,创造美好宜人的生活环境"的重要性
2001 年	巴黎城市化的地方规划	把提高城市生活质量作为城市规划和建设的首要目标
2003 年	大温哥华地区长期规划	首次把宜居建设引入城市建设,提出宜居城市建设原则包含易接近、公平、欢愉、尊严、参与和权利赋予。宜居城市应满足居民生理、社会和心理等高层次精神需求

4.1.2 国内人居环境研究

我国当代对于人居环境的研究起步于 20 世纪 90 年代,吴良镛先生受道萨迪亚斯人类聚居学的启示,提出人居环境学,其代表著作《人居环境科学导论》对人居环境的研究具有巨大的指导意义。2000 年,建设部设立"中国人居环境奖"和"中国人居环境范例奖",并于 2010 年印发《中国人居环境奖评价指标体系》(试行)。国内学者在吴良镛提出的人居环境研究框架下,开展深入研究,构建评价体系。

吴良镛先生认为人居环境由自然、人类、支撑、居住和社会五大系统组成。宁越敏等人认为人居环境由硬环境和软环境组成,硬环境主要指居住所需的物质及空间等实物环境,软环境主要指经济、文化、政策、社会等在内的无形要素环境。周志田等人从生态环境、生活质量、生活便捷程度、社会安全保障、经济发展水平和潜力六个方面来评价人居环境质量。综合多名学者意见(表 4-2),本书认为人居环境由硬环境和软环境组成,硬环境包括生态环境、居住条件、文化教育生活、公共基础设施等方面,软环境则包括政策、社会、经济、文化等方面。

表 4-2 国内人居环境研究主要成果

年份	代表人	主要观点
1992 年	吴良镛	评价人居环境宜居性的指标应该从自然、人类、支撑、居住、社会五大系统入手
1999 年	宁越敏,查志强	将人居环境分为硬环境和软环境,从生态环境质量、居住条件、基础设施与公共服务设施三方面构架评价指标体系。以上海为例根据评价结果提出优化策略

表 4-2　国内人居环境研究主要成果(续表)

年份	代表人	主要观点
1999 年	刘颂,刘滨谊	构建包括可持续性、聚居条件、聚居建设人居环境可持续发展程度等一级指标的评价指标体系,资源配置、居住条件、公共服务基础设施、城市生态环境、社会稳定以及经济能力等二级指标的评价指标体系
2002 年	李雪铭	采用模糊综合评判法和问卷调查法,从城市居住、城市建设和城市发展三个方面构建了人居环境可持续评价指标体系,并以大连为例进行了实证分析,得出了其人居环境发展所处的阶段,提出相对应的发展策略
2004 年	叶依广,周耀平	分析最佳城市人居环境的内涵以及构成,从规划指标、住宅设计、基础设施配套、生态环境以及综合管理五方面指标构建城市人居环境评价指标体系
2004 年	周志田,王海燕	通过对我国 50 个城市进行宜居水平评价,从六个方面构建宜居城市评价指标体系,其中包括生态环境水平、市民生活质量、市民生活便利性、社会保障条件、经济发展水平和潜力
2006 年	张智,魏忠庆	结合实际案例从环境管理能力、环境资源保护、公共设施建设、自然生态环境、社会经济环境五方面构成城市人居环境评价指标体系,从城市人居环境质量指数和协调度两方面评价城市人居环境质量
2007 年	熊鹰	认为城市人居环境与经济协调发展是宜居城市建设的必由之路。选取城市生态环境、居住条件、文化教育生活、公共基础设施、社会稳定程度五方面构建人居环境评价指标体系。经济实力、产业结构、经济外向度、居民收入四方面构建经济发展评价指标体系
2010 年	王坤鹏	从经济、人文、自然三方面构建城市人居环境宜居度评价指标体系,利用熵值法评价重庆、上海、天津、北京的城市人居环境宜居度和协调度
2012 年	李雪铭,晋培育	以生态环境、基础设施和公共服务环境、居住环境以及社会经济环境四方面构建城市人居环境质量综合评价指标体系,利用熵值法确定指标权重。在 2009 年、2006 年、2003 年、2000 年四个不同时间点对我国 286 个地级以上城市的人居环境时空差异变化以及质量特征进行研究
2014 年	刘建国,张文忠	对国内外人居环境评价方法进行归纳总结,汇总评价人居环境的主流方法,包括 GIS 分析法、模糊综合评价法、结构方程模型法、德尔菲法、层级分析法、问卷调查法和熵值法

4.2　乡村多功能理论体系

4.2.1　国外乡村多功能研究

20 世纪 70 年代,在西方发达国家和地区,伴随其城市化的不断成熟,城市空间陆续出现交通拥堵、人口密度过大等问题,城市空间及其生活方式被认为是拥挤的、不舒适的,城市人口纷纷向乡村转移,乡村田园生活成为人们追求高品质生活的目标,尤以中产阶级以上人群为代表。在此背景下,乡村的主要功能不再仅仅是生产人们生活所需的食物及其他物质材料,更是为人们提供休闲旅游和居住空间。

乡村多功能研究源于 20 世纪末欧盟的农业多功能研究。1993 年,欧洲理事会关于农业法律的文件首次官方使用了"多功能农业"概念。多功能农业理论强调农业除了生产功能,还有生态、文化、环境等多元功能。多功能乡村是多功能农业理论的进一步深化,该理论认为乡村是由经济、社会和环境组成的复杂系统,是人类重要的工作、居住地点和环境空间。

1) 英国

英国关于乡村多功能转型的研究认为,乡村的多功能导向主要是由于生产功能和消费收益之间的竞争,消费价值的推动力和地方政策的倾向对农业系统产生影响。学者波义耳(Boyle)和哈法克利(Halfacree)的研究表明,乡村地区的竞争、田园景象的重组、地区的分化、政策的排挤、阶级的固化和田园生活方式的不一致等原因推动了乡村多功能转变。而博诺(Bohnot)等人(2003)则将乡村地区居民分为两种,一种是原本居住于此的生产者,另一种是来自城市移民在乡村地区购置房产的消费者。数据显示,2000 年,在英国被卖出的土地中有 39% 被用于非农业生产功能。通过对英国东南部乡村的生产者和消费者的调查发现,对于生活方式和风格有所追求的消费者似乎更热衷于经营管理他们所拥有的环境,相比本地生产者,他们对于乡村景观的美感和管理有更高的要求。不过,也由于他们的加入,对乡村原有的本土文化和传统以及土地管理产生了一定的负面影响,消费者追求田园生活的美感而忽略土地生产效率,导致乡村地区生产效率下降。与此同时,由于经济的发展,本地生产者的收入组成中农业生产所占比重越来越低,他们对于城市消费者的迁入普遍还是能够接受的。在此背景下,英国乡村地区生产功能逐渐失去主导地位,乡村向多功能方向发展。

2) 澳大利亚

以澳大利亚维多利亚乡村地区为例,学者巴尔(Barr)生动形象地描述了其社会景观的变化。他发现在澳大利亚广大乡村地区,乡村村民的农业收入普遍减少,与此同时,其总收入却在增加。深入调查后发现乡村村民的非农业收入增幅较大,是导致其总体收入增多的主要动力。基于农田尺寸、生产、金融流量、混合生产、技术、商业、集中农田、农民年纪、进口、出口、起源、生活进程、人生道路、动机、家庭日常工作、收入来源、本地人口统计、生态结构、人口发展趋势、小镇适宜度、商业活动和吸引力等不同的统计数据,Barr 将乡村社会景观分为生产、乡村便利设施、乡村转型和灌溉设施四种。John Holmes 在 Barr 研究的基础上提出生产型农业、舒适型乡村、小农场(或者多种活动混合)、复杂多功能、边缘地区农业、保护和本土化七种乡村占据模式。之前的研究认为乡村的主导功能为生产,近年来随着生活方式的转变,保护功能逐渐变成与生产同等重要的功能类型。生活方式主要是指城市居民到乡村地区购置并经营房产,保护主要指乡村土地的养护和管理。生产、消费和保护变成影响乡村功能转型的主要影响因素,三者之间形成三角关系,进而产生多种乡村占据类型(图 4-1)。生产指的是高密度农业生产下导致农业产品剩余,剩余的产品价值使乡村有能力去做其他功能选择;消费指的是城市居民转移带来房产交易、再生产和旅游业的发展,同时带来更高的经济收入和生活方式的转变,土地释放出更多种类价值,乡村

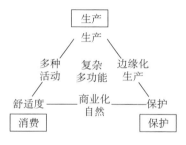

图 4-1　澳大利亚乡村地区乡村
占据类型示意

可通过多种活动来增加非农业收入;保护指的是关于环境和社会发展的法规体系日益完善,乡村的环境问题得到关注,关于乡村生态保护的法律法规逐步完善。三种功能共同作用下产生复杂多样的乡村空间,在 John Holmes 的研究中,澳大利亚地区乡村功能主要分为六种:以生产价值为主导的生产型农业、以消费价值为主导的舒适型乡村、生产和消费价值混合的多种功能模式、价值强烈竞争的都市近郊模式、有潜在生产和保护价值的边缘化农业模式,以及强调保护价值的保护和本土化模式。

4.2.2　国内乡村多功能研究

国内开展乡村多功能研究同样起步较晚,但仍有一些学者觉察到了这一领

域的重要性，并取得了一定的研究成果。在多功能农业、城镇规划建设和城市规划发展研究中广泛使用的"三生"功能概念，最早由台湾地区的学者归纳提出。早期"三生"是指功能多样。首先，是功能复合的农业生产，也就是说，以一两种农作物或者一两种畜禽水产品为主业，对农产品进行科学化、高效化以及企业化的生产；其次，是提供一定规模的生活休闲设施，为人们提供娱乐、教育的机会；第三，是生态保护，保护自然生态景观，维持生态平衡，实现良性循环。在此基础上按照生产规模与功能不同将其分为精致农业型、休闲农场型、观光果园、生态农场和有机农场五种类型。后来把多功能农业概念引入乡村建设和社区发展中来，在乡村建设内容上应该包括乡村发展规划、住宅改造、设施建设、乡村文化、产业设计、生态保护、农民组织、技术培训等多个方面，把乡村建设与农业发展，农民生活及生态保护结合起来，进一步高度总结为包括"生产、生活和生态"三种功能在内的"三生"功能。

　　刘彦随等从土地利用的角度，将乡村地域功能划分为粮食主产功能、生态保育功能、经济主导功能和社会安全功能。随后，从乡村地域空间的角度剖析了乡村地域多功能的内涵，从功能和属性的角度将其分为生态环境功能、经济功能、社会文化功能，其中生态环境功能又具体包括承载、生态保育、环境维护功能，经济功能又分为经济发展、农业生产、资源能源供给功能，社会文化功能又包括人口承载、乡村旅游和社会保障功能。然后具体分析各功能相互之间作用及演进趋势。房艳刚等从经济、社会和环境三方面反思我国乡村现代化过程，人们注意到，发展传统的农业农村现代化，很大程度上是以牺牲乡村环境和乡村社会机制为代价的，这导致乡村经济过度依赖外部支持，结合国外乡村多功能理论提出粮食与食品安全、保护生态环境、保障社会公平、提供发展空间的多元化发展目标，并说明上述目标在实际区域中无法完全分隔开来，并进一步提出多元化目标发展发展对策与区域差异化途径。龙花楼从产业角度界定了农业主导、工业主导、商旅服务和均衡发展等 4 种乡村发展类型，并对东部沿海地区的乡村发展类型进行划分，在此基础上构建其乡村性指数，并对东部沿海地区的乡村进行评价。林若琪等引用西方农业多功能概念将功能分为生产功能、社会保障功能（如就业、养老等）、经济功能和生态功能，分析乡村景观与多功能之间的联系，认为乡村景观多功能可能是塑造乡村地域多功能的潜在动力和机制，最后提出通过乡村景观重塑来促进乡村多功能发展和转型。李平星等选取经济发达的江苏省进行研究,在县域尺度上,将农村功能划分为区域生态保护、农业生产、产业发展和社会保障四个方面,并运用定量评价法分析其空间差异,指出各县市区的主导功能类型,明确影响不同类型乡村区域功能的因素。李智等通过研究不同角度解读乡村多功能的内涵将其分为生态、农业、工业和生活功能,采用分级评价方法,借助 ArcGIS 软件定量评价金坛市村域多功能的空间分异,并最终得出其空间分异特征。周镕基等研究认为多功能农业是农村振兴的具体实现路径,农业具有经济、社会、生态、能源、旅游休闲、文化传承等多种功能,可选择适宜农业发展路径,主要模式有经济农业、社会农业、生态农业、旅游休闲农业和文化传承农业等。

　　乡村多功能理论自起源以来在全球不同地区得到丰富的发展,由于时间变化、区域的差异和各地区城乡关系及相关政策的影响,不同时间、不同地区、不同学科背景的学者对于乡村多功能的理解不尽相同(表 4-3)。

表 4-3　乡村多功能概念及功能分类

时间	学者	分类依据	主要功能类型					
1991 年	台湾学者	台湾地区农业改造计划	生活	生产	生态	其他		
2011 年	刘彦随等	乡村功能和属性	生态环境	经济	社会文化	其他		
2015 年	房艳刚等	乡村多元化发展目标	粮食与食品安全	保护生态环境	保障社会公平	提供发展空间	其他	
2009 年	龙花楼	产业发展类型	农业主导	工业主导	商旅服务	均衡发展	其他	
2012 年	林若琪等	西方多功能农业理论	生产功能	社会保障功能	经济功能	生态功能	其他	
2014 年	李平星等	县域尺度乡村功能	地域生态保育	农业生产	工业发展	社会保障功能	其他	
2017 年	李智等	乡村多功能内涵	生态	农业	工业	生活	其他	
2018 年	周镕基等	多功能农业	经济	社会	生态	能源	旅游休闲	文化传承 其他
2006 年	Barr	澳大利亚乡村统计数据	生产	乡村便利设施	乡村转型	灌溉设施	其他	
2006 年	Holmes J	生产、消费和保护相互之间关系	生产型农业	——	舒适型乡村	小农场	复杂多功能	边缘地区农业 保护和本土化

4.3 东北乡村人居环境理论框架

人居环境是人类工作劳动、生活居住、休息游乐和社会交往的空间场所。人居环境首先是人类聚居生活的地方，是人类在大自然中赖以生存的基地；人居环境的核心是"人"，人类建设人居环境的目的是要满足"人类聚居"的需要。而乡村是人类相对原生态的地域空间系统，是一个由经济、社会、环境组成的复合型社会经济生态系统，农业是其主要的经济活动内容。乡村人居环境是乡村村民工作、生活、娱乐和社交的场所，其间的活动主体为乡村村民，因此，乡村人居环境的研究应该围绕乡村村民的需求展开。乡村村民为了满足各自的需求展开多种多样的活动，而不同活动需要不同的空间环境作为支撑。参照现有乡村多功能理论的研究基础，本书以乡村村民为研究主体，以其活动及活动需求为出发点，从空间功能属性的角度，将乡村功能划分为人口流动、生产、生活、生态、文化、空间组织六大功能。乡村村民在广大乡村地区主要从事生产、生活和文化等一系列活动，在这一系列活动影响下形成了现状的人口流动、生态和空间环境（图 4-2）。

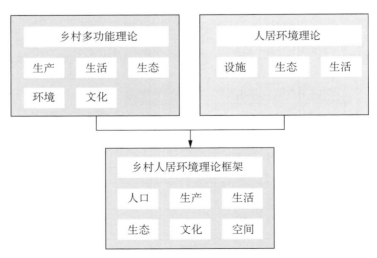

图 4-2 东北地区乡村人居环境理论框架

4.3.1　人口流动

乡村村民作为乡村人居环境的主体,乡村地区的人口结构——年龄结构、教育结构和就业结构,能够反映出该地区乡村村民的整体素质情况。在全国快速城镇化的背景下,乡村人口大量流入城市地区几乎成为我国现在城镇化的共性特征。相对于乡村村民流向城市的人口数量,乡村地区内部的流动或者城市流向乡村地区的人口数量微乎其微,乡村向城市的单方向流动成为我国乡村人口流动的主流。乡村人口流动讨论的主体是流入城市地区的乡村村民的生活现状,以及人口流出后乡村地区发展面临的困境,而流动村民对城市的影响本书不予讨论。

4.3.2　生产环境

依据《村庄规划用地分类指南》(2014 版),村庄用地可以分为建设用地和非建设用地两大类,其中村庄的生产行为主要发生在建设用地中的村庄产业用地和非建设用地上的农业用地。其中农业用地上主要进行的是第一产业,包括传统农业、果林业、设施农业等;村庄产业用地上主要进行第二、第三产业,包括工业、旅游服务业等。

在快速城镇化发展带动下,我国乡村社会发生了巨大变化。城市地区不断向乡村地区扩张,一部分乡村被城市侵占而消亡,成为城市的一部分;而另一部分现存乡村则深受城市影响,进入以工业、旅游业、商业为主导产业的"升级"模式中。

基于乡村产业相关概念及理论的解读,结合本书研究的东北地区乡村产业发展现状特点,将东北乡村的产业分为农林牧渔为主的农业和其他非农产业,其他主要包括第二、第三产业。基于这两大分类基础,结合东北乡村特有自然资源特色及产业发展现状,农业主导的乡村又可分为传统耕作型、林果型、渔业型、设施农业型四种类型,非农业型又可分为工业型、旅游型、都市化型三种类型。乡村生产环境则是上述所有产业的承载空间。

4.3.3　生活环境

　　生活环境是指与人类生活密切相关的各种自然条件和社会条件的总体，它由自然环境和社会环境中的物质环境所组成。生活空间通常是指乡村村民心理认知上认为的与其生活最为密切相关的空间，对照到乡村生活空间，基本上就是指村民相对集中居住的聚居点，通常情况下呈现为自然村的形式，从土地利用分类角度主要指的是村庄居住用地、公共服务设施用地及相应交通用地等，而村庄的公共服务设施用地主要包括教育、医疗卫生、社会福利等。从空间尺度角度可以细分为居住住宅、院落周边、公共活动空间。从生活功能角度讲，乡村生活要满足村民的生活需求，包括吃、穿、住、求学、看病、养老、休闲娱乐等，对应到功能上分别指居住功能、教育功能、医疗功能、养老功能和休闲娱乐功能。

4.3.4　生态环境

　　本书从宏观、中观、微观三个层次来研究东北乡村生态环境现状。宏观尺度上以整个东北地区为一个生态系统，中观层面以村域范围为研究对象，微观层面以村落范围为研究对象。环境的概念有广义和狭义之分，广义的环境是指人类赖以生存和发展的物质条件的综合整体，既包括自然环境，又包括社会环境；狭义的环境主要是指自然环境或生态环境。而本书中关于生态环境的讨论主要采用的是环境的狭义内涵。

　　《中华人民共和国环境保护法》中指出影响人类生存和发展的各种天然的和经过人工改造过的自然因素的总体被称为环境，包括大气、水、海洋、土地、矿藏、森林、草原、野生动物、自然遗迹、人文遗迹、自然保护区、风景名胜区、城市和乡村等。而中观尺度上的村域范围主要包括土壤、空气、生物、水和人文景观。其中景观生态环境主要指的是村民聚居点内部由于人的活动对环境产生的系列影响，包括垃圾污染、基础设施建设等。

4.3.5　文化环境

乡村的文化主要是指乡村村民的精神活动及其产物。根据乡村村民的活动特点可以将其分为日常生活、节庆活动和宗教信仰活动。其中日常生活活动主要是指乡村村民的饮食起居等每天都要进行的活动。受不同的自然气候和民族习俗等的影响，各地区的乡村日常生活文化也是各不相同的，每个地区经过长时间的发展和积累各自形成了不同的生活方式和习俗。节庆活动是人们基于日常生活积累和自身民族发展的基础上，进一步集中体现其文化特征的活动，是各地区民俗文化更鲜明的体现，其中蕴含了一个地区的风土人情、文学艺术、传统习俗等。宗教信仰则是能体现一个地区或者一个民族的发展历史和其价值观念的活动，其中包含其所信奉的精神图腾、思维方式等。

乡村精神活动的产物是丰富多样的，包括有形的饮食种类、居住形式和无形的艺术形式、节庆仪式、生活习俗等，概括起来可以将其分为物质的和非物质的。

4.3.6　空间环境

乡村空间组织主要研究生活空间、生产空间、生态空间和交通空间的组合方式及特征，在不同尺度上分别探讨。乡村的空间从尺度上可以分为县域尺度、村域尺度和村庄尺度。其中县域尺度上，乡村通常以散点状形式存在，通过讨论县域范围内乡村分布密度进一步归纳总结各地区县域乡村空间特征。村域尺度的乡村空间主要在其空间规模、空间形态等方面有较大差异，村域范围的乡村空间按照空间类型进行分类主要可以分为居住空间、种植空间和林业空间，其中居住空间主要是指乡村的建设用地；种植空间主要是指乡村村民从事农业生产的农业用地；林业空间主要是指乡村中的林业用地。通过研究归纳总结这三种用地在村域范围内的空间组合方式，进而从中观层面总结乡村村域空间组织特征。村庄范围的空间主要指的就是乡村地区村民聚居地的空间规模形态等特点，主要针对的是乡村建设用地的组织形式，由于不同的地形条件和交通经济等条件的影响,村庄的空间规模和形态均存在较大差异,同时村庄内部的道路结构、空间结构等也情况各异,在村庄尺度下的乡村空间组织研究力图归纳总结出其空间组织的特征。

第 5 章　东北乡村的人口流动

在全国快速城镇化大背景下,乡村地区的人口流动以流出为主,流向城市地区。基于此背景,本章以乡村人口构成和人口流动为出发点,重点阐述东北地区乡村人口的年龄结构、教育结构、就业结构以及乡村人口流动的现状特征以及未来发展面临的困境。本章关于东北地区人口年龄结构等数据源于《中国人口和就业统计年鉴(2016)》和《中国乡村统计年鉴(2016)》。而关于人口流动及意愿的研究数据源于典型地区抽样调研数据,此次调研共 68 个村,600 余户村民;发放问卷 659 份,回收有效问卷 643 份。

5.1　东北乡村的人口结构

5.1.1　年龄构成

截至 2015 年年底,东北地区乡村人口总数为 4 232 万人,将其年龄构成划分为 0~14 岁、15~64 岁、65 岁以上人口,其中 65 岁以上人口占总人口比为 11%(全国平均数为 12%),这说明东北乡村地区虽然存在人口老龄化现象,但略低于全国平均水平。15~64 岁是乡村劳动力资源的主体,占总乡村人口的 76%,由此反映出乡村地区劳动力资源仍是较为丰富的(图 5-1)。

东北地区乡村人口总抚养比例达到 31.85%(全国平均乡村人口抚养比为 45%),仍处于人口红利时期,乡村地区未来发展活力值得进一步关注。在调查中发现,调查样本中村庄农业规模经营程度较高或者非农产业较发达的地区,承包户自家劳动力并不能满足其生产经营的需要,需要雇佣长期或者短期劳动力。从受访者中发现,短

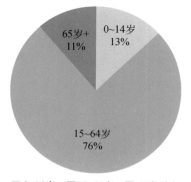

图 5-1　东北地区乡村人口年龄构成
资料来源:《中国人口和就业统计年鉴(2016)》。

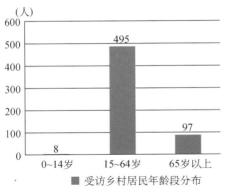

图 5-2　调查样本之受访乡村村民年龄构成

期劳动力中中老年村民比较多,这些从业者尽管按传统统计方式已经不属于劳动力行列,但是事实上仍是乡村劳动力的主体。

实地调查发现,65 岁以上老人占比高达 15%,由于访谈时间多为白天务工时段,但也从一个侧面反映出当前乡村留守老年人数量较多的问题(图 5-2)。从 68 个调查村庄的调查样本看,丹东东港市和朝阳市(县)老龄人口最高,分别达到 19.9% 和 18.5%;最低是抚顺市清原县仅为 9.6%。

5.1.2　教育结构

统计整理东北地区 6 岁以上乡村人口的受教育程度可以发现:大部分乡村村民的文化程度为小学和初中,其中小学学历人口占总人口的 51%,初中学历人口占比 35%,而普通高中、中职及以上的人口占比 9%(图 5-3)。由此可见,东北乡村人口总体受教育水平较低,这在很大程度上将限制乡村人居环境发展。

调查显示,在部分拥有设施农业并且较为发达的村庄中,随着当地政府支持力度的加大和设施农业的发展,出现了一大批"能人"。村民的技能培训、职业培训正受到前所未有的重视。以调研的辽宁省抚顺市清原县橡子沟村为例,其农户总数为405 户。2010 年,该村龙胆草、玉竹等中药材种植户达到 385 户,总种植面积3 700 多亩(图 5-4)。收获龙胆草 300 吨,玉竹1 000 多吨,实现销售收入近 2 000 万元,人均纯收入 1 万元。橡子沟村中药材产业的发展壮大主要得益于科技进步和坚持自

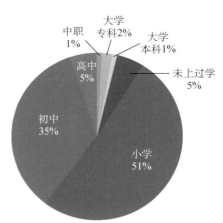

图 5-3　东北地区乡村人口教育结构
资料来源:《中国人口和就业统计年鉴(2016)》。

主创新,不断强化野生中药材归圃驯化品
种。清原县的药材种植已经有几十年的发
展历史,该村老书记是知名的东北药王,他
带领全村种植中草药,共计15 800亩,在
他的带动下清原县的中医药材得到了很
好的发展。中草药品种由单一的龙胆品
种发展至 20 多个品种,如龙胆、玉竹、苍
术、白鲜皮、威灵仙、沙参、黄精等,实现了

图 5-4　英额门镇橡子沟村药材种植设施

以龙胆为主的多品种发展。橡子沟流域有 5 个村庄,800 多户农民,5 个草药合
作社,2 个药材初级加工厂。2012 年实现农民人均收入 1.6 万元。村里人尝到了
技能培训的甜头,对于教育的重视程度明显高于其他乡村。由此可见,村庄产业
在劳动力输出后向第二、三产业的转移,为农业规模化经营和设施农业提供了条
件,而农业规模化经营和设施农业的发展对村民素质也提出了更高的要求,两者
相互促进共同发展,第一产业将是未来发展的趋势所在。

5.1.3　就业结构

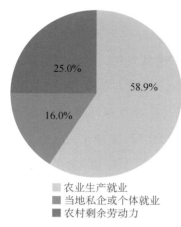

图 5-5　东北地区乡村劳动力就业构成
资料来源:《中国人口和就业统计年鉴
(2016)》。

从统计数据来看,目前东北地区乡村劳动
力为 3 209 万人,其中从事农业生产活动的劳
动力约为 1 890 万人,占比 58.9%,相较于全
国乡村从事一产劳动力比例 59%,基本与全国
水平持平。在当地私营企业就业或者以个体
形式就业的约为 500 万人,占比 16.0%,其余
25.0% 为乡村地区剩余劳动力,约为 819 万
人,这部分人主要是在周边乡镇企业就业,或
者到城市中寻求就业机会,所以这部分人成为
主要的乡村流动人口(图 5-5)。

从历年乡村劳动力就业结构趋势来看,随着农业现代化程度不断提高,乡村
地区需要的农业劳动力将越来越少,乡村将释放越来越多的剩余劳动力,因此需

要依靠城市地区或者乡村地区其他产业吸纳。调查发现东北地区发展较好的乡村开始依靠第二、三产业解决乡村劳动力的就业问题。

辽宁省海城市东南部的西洋村（图 5-6），新中国成立初期在当地穷得出名，依靠传统的农业生产来维持生计。改革开放以来，在村领导的带领下，依托得天独厚的菱镁资源创办企业，从镁石开采、矿产品加工起步，形成以耐火材料、肥料、钢铁、煤化工、贸易为五大支柱产业的第二产业集群。西洋村实行村企合一的体制，2011 年，全村实现收入 500 万元。村内劳动力逐渐转向第二、三产业，实现了村企的共同发展、进步。同时随着企业规模不断扩大，西洋村企业逐步发展到 1.5 万人的规模，当地企业不仅解决了本村剩余劳动力问题，还吸纳了周边乡村的剩余劳动力。

图 5-6　海城市西洋村村貌
资料来源：英落镇镇政府提供。

若要提升区域整体形象和竞争力，关键在于要有良好的投资条件和适宜的人居环境。西洋村在建设中特别关注环境保护建设，尤其是在厂区规划建设、项目实施、厂区清洁等方面。与此同时，村里加大投入，建成 6 栋住宅供村民居住，计算下来人均拥有 35 平方米以上的居住面积。企业重视环保，有效降低生产污染给村民带来的危害，还在村子周边种植了绿化带，实施了克土压荒和封山育林。几年来共种植草坪 1 万平方米，植树造林 100 亩，封山育林近600 亩。2016 年更是投资 50 万元，栽植绿化树苗，美化村容村貌。村企的发展壮大实现了该地区的乡村村民离土不离乡，社会福利得以提升，又享受了家乡优美的生活环境。

在就业人口结构方面，非农就业人口比重大于 60% 的样本村庄占样本总量的 47.6%。其中非农产业主导型村庄占 56.0%，农业主导型村庄占 44.0%。调查发现，一些非农产业发达村庄的村民已基本脱离农业生产，即使在农业主导型村庄,村民也不完全从事农业,而是有多种选择。

5.2　东北乡村的人口流动特征

东北地区乡村人口流动主要表现为乡村剩余劳动力的流出,相对于人口流出,外来人员流入的量十分有限。相较于我国其他地区,东北地区乡村人口流动多以近距离、短时间为主要特征。伴随近年来城市经济增速放缓和乡村经济发展提速现象,乡村地区逐渐开始出现外出务工人员返乡创业现象。

5.2.1　外出务工时间

东北地区外出务工人员与我国南方地区不同的是,他们大多一年之中只在农闲时间外出务工,其余时间仍生活在乡村,务农。受气候的影响东北地区农作物一年只收获一季,乡村村民单纯依靠从事农业生产难以有效改善生活质量,每年的 10 月到第二年的 3 月为农闲时节,这段时间就近外出打工,从事非农行业以补贴家用成为东北地区乡村村民生活的普遍现象。

乡村非农产业的发展使得留守农业人口和劳动力同非农经济活动出现兼业现象。样本调查发现 86% 的乡村出现了兼业的情况。而没有出现兼业情况的乡村有两种:第一种是纯农业乡村,村民大部分从事农业或者外出务工;第二种是工业乡村,村民大部分从事工业和其相关行业,很少从事农业。

调查还发现,乡村的半工半农状态与周边城镇的经济发展程度和村庄产业类型有着密不可分的联系。周边地区城镇化、工业化水平高、就业机会多的村庄,或者村庄本身是非农型村庄,其半工半农人口的比重也相对较高。

姜女村,位于葫芦岛市兴城市(县)元台子乡南部,临近京哈高速,村庄西侧为腰路子村,北侧为韩家屯村,村庄北侧 6 千米处即为元台子乡,有直达镇上的宽度为 5 米的道路。东北侧 6.5 千米处为葫芦岛市区,沿 5 米宽的乡道可直达葫芦岛城区,交通便捷。姜女村共有 10 个村民小组,村民 1 000 户,人口 3 100 人,人均耕地不足 2 亩,历来以种玉米为主,有时兼种花生。而按照玉米和花生的市场价格,村民是不可能单纯依靠农业生产提升生活质量的,所以大部分有劳动能力的人会选择农闲时间外出打工。由于姜女村与葫芦岛市距离近,交通便利,大部分外出打工者选择去葫芦岛市,这样不仅能够得到经济收入又能够每天回家住。同时,村书记开了服装加工厂和食品加工厂,以带动村庄产业发展,同时吸纳村里剩余劳动力,村人均年收入 3 万~6 万元不等。所以姜女村整体上无长期在外打工的人员,户籍人口与常住人口基本持平。村庄现在经济来源主要依靠村内工厂等第二产业,村民生活也相对富裕。

农闲时间从事非农劳动既能够增加村民收入,也为村民提供了生产生活的变通性,因此受到村民的青睐。在访谈中,很多村民表达了外出务工只是增加收入的一个途径,等资产积累到一定程度就会返回村庄创业或以新的劳动技能寻找新的就业机会。

（村民访谈）

- **兴城市(县)元台子乡某村民**:家里只有 3 亩地,我们这儿就是种点花生、玉米,1 亩地去掉成本也收不了几个钱了,地里活干完了,就出去打点杂工干点体力活呗,总得养家糊口。

- **朝阳县胜利乡某村民**:我呀,年纪大了,常年在外打工不是那么回事儿,家里这点儿地我还放不下,还是得种。可是,你说现在化肥农药越来越贵,光种地我们也攒不了几个钱呀,地里没活了就在跟前儿("附近"的意思,东北方言)找点事干,贴补家用。我有时候就去镇上加工厂帮着装卸货,有活就叫我去……

- **东港市(县)黑沟镇某村民**:俺们附近有地方搞养殖的、搞加工厂的,平时俺村里不少(人)去那上班的,我家里忙活完也得出去干点,挣点儿是点儿呗,反正离家也近,家里活儿也都不耽误。

- **抚顺市永陵镇某村民**:俺们村就是种水稻和苞米,春天种,秋天收,地里活不多,闲着时候也得找点事干呀,我会点儿瓦匠活儿,周边十里八村儿的有盖房子的,我就跟几个哥们儿出去干点瓦匠活儿,家里就媳妇看家、忙活呗。我走远了还不行,家里孩子还得上学。走远了,媳妇也不同意呀!

5.2.2　外出务工地点

　　城市是吸纳乡村劳动力的主体,吸引力远高于县城、小城镇。调查样本抽样结果显示,城市、县城、小城镇的选择比重分别为:74.4%、18.3%和7.3%。调研中还发现,到附近地级市打工的人群以乡村中青年劳动力为主,老年人、残障人士等劳动能力较弱的多留守在农村家中。东北乡村家庭中年轻一代在家附近城市就业,家里老人留守成为乡村最为常见的家庭就业形式。近年来,随着城乡统筹发展的推进,各地逐步取消了部分对进城务工农民的限制性政策,加之城市第二、三产业的快速发展对人力资源需求量较大,就业机会较多,因而城市成为村民外出务工的首选。另外,在经济发达地区,乡村劳动力以就地转移为主。

　　结合现在城镇化水平及居民迁移意愿,加快中小城市的发展,推进乡村村民向中小城市迁移十分必要。同时,加快中小城市建设也有益于完善城乡体系,缩小城乡社会差异。

（村民访谈）

- **兴城市(县)沙后所镇某村民**:现在只有我们老两口在家生活,俩孩子都成家了。大儿子和媳妇在兴城服装加工厂上班,在那买房子了,将来也不回村里了。小儿子在沈阳上大学,还没毕业呢,大学毕业还能回农村呀?现在是想留沈阳工作。

- **清原县红透山镇某村民**:我们老了,哪也不想去,一辈子生活在村儿里。孩子们大了,我俩姑娘都出嫁了,一个嫁到抚顺,一个嫁到清原县,都在城市里工作喽!还好离得都近,经常回来照顾我们俩老的。

- **东港市(县)北井子镇某村民**:小年轻哪有愿意在农村待的,我儿子在市里给人剪头发,上次回来跟我说想攒钱自己开个美发店,我指定("肯定"的意思,东北方言)得支持呀,孩子有出息变成城里人儿总比在家强,是不是?

- **朝阳县瓦房子镇某村民**:我们这地方水土不好,种地不挣钱,还经常赔钱。我们两口子平时在朝阳市里开个小饭馆,挣不了啥大钱,(但)起码能养家,不用风吹日晒的,比待在村里强点呗,这次回来看老妈、老爸,将来日子……(等他们)老了也想把他俩接过去住。

5.2.3 外出务工类型

调查样本结果显示,外出务工人员主要从事的行业为建筑业、制造业、服务业、农业,各自所占比重分别为 41.7%,32.1%,23.1%,3.1%(图 5-7)。

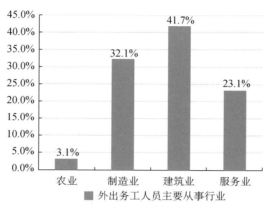

图 5-7 外出务工人员所从事行业分布

可以看出,东北农村劳动力主要向建筑业、制造业和服务业转移,其吸纳农村劳动力的能力随城市化进程的加快而不断增强;与此同时,由于乡村村民的教育水平普遍为小学和初中,有限的文化水平限制了其在城镇其他行业的发展,所以建筑业、制造业和服务业等劳动力类型的工作自然成为务工人员的首选。调查也发现,有少数外出务工人员从事农业生产活动,主要体现在设施农业和特色农业对乡村劳动力存在一定的吸纳作用。

从外出务工人员收入角度分析,外出务工人员平均年收入远远超过其所在村庄村民平均年收入,可见乡村劳动力转移对村民增收的作用十分明显。

5.2.4 外出务工人员回流

调查发现,乡村人口流向城市的同时伴随着外出劳动力逆向转移现象。随着经济形势的变化,村民回乡创业呈现上升趋势。近年来,随着全国房地产业的下滑,建筑行业从业者的需求量大大减少,进城务工农民失去了就业岗位,所以部分外出务工者因失业而返回家乡。随着国家提倡乡村旅游业的发展,东北地区近年乡村旅游业发展迅速,为东北具有旅游资源的乡村带来发展契机。随着家乡经济崛起,老家在该类型地区的外出务工者也纷纷选择返乡就业或创业。

访谈显示,回乡创业人口呈现以下特征:返乡创业的比例较高;大部分会选择回本县、本镇、本村创业。这不仅受社会、人文因素的影响,还因为返乡创业的成本较低,能够快速推进。其中从事农业和旅游业的比例高于其他行业。这反映了返乡村民经过城市就业和职业培训后,具有一定的市场分析能力和创业意识。

以上的调查表明,越来越多的外出务工的村民在市场经济浪潮中积累了一定的资本和经验,增强了市场意识和创业技能,因而能够返乡自主创业。农村劳动力的返乡创业不仅繁荣了当地经济,而且带动了当地更多的农村劳动力,使其就地转移。

（村民访谈）
- 清原县大苏河乡某村民:我以前也是在外面打工,后来村里开始搞农家乐了,我爸妈在家也不会张罗,我就回来(创业)了。我们这就是玩漂流的人来这儿,经营了几年,现在也挺好的,也娶了媳妇,孩子上幼儿园了,生活也算稳定了,比在城里打工强。
- 抚顺市永陵镇某村民:我以前在城里打工好多年,哪都去过,啥活都干过,挣了点钱,想回家干点自己的事。俺们这是满族文化的发源地,每年很多人过来旅游,我就合计("琢磨"的意思,东北方言)弄一个现在流行的水果蔬菜采摘园,自己家的地现成的,成本能省不少。你看我这,有温室大棚的院子,也有露天苹果园,坚持季节长点,到这儿旅游的都上我这来溜达。现在干得还行。
- 兴城市(县)东辛庄镇某村民:我头两年在城里建筑工地干活,这两年城里活儿也不好找,回来在家跟前("附近"的意思,东北方言)加工厂上点班,挣点钱也能生活。
- 东港市(县)前阳镇某村民:头两年儿在丹东打工来着,现在岁数到了,还得说媳妇儿呢,在城里也买不起房,就回家了呗。我爸妈年纪也大了,家里一摊子事也得有个人张罗。

- **朝阳县波罗赤镇某村民**:年轻的时候出去过,现在年纪大了,在城里生活打工也不容易,岁数大了体力也不好了,能干的活越来越少,不如回村里,起码有吃、有穿、有地方住。

5.2.5 居民个体流动意向

在访谈中发现,对于未来居住地的意愿,相对年长的乡村村民普遍希望自己的下一代到城市居住生活。而由于年纪渐长,对新生活适应能力较低,同时对邻里关系的不舍、对熟悉的居住环境的不舍等因素导致他们自己更愿意留在村里。年轻人则表示不想一辈子只在村里,更愿意到城市中去尝试新生活。在城市中工作收入较高,城市的工作及生活水平较高成为吸引他们的主要原因。

（村民访谈）
- **朝阳县瓦房子镇某村民**:我这把年纪了,这辈子都没离开过咱村里,现在哪儿都不想去,年纪大了还是在家好,出去能干啥呀,净给别人添麻烦。儿女将来凭自己本事能到城里闯闯是最好,毕竟住城里的大楼房比在这住着舒服嘛!
- **东港市(县)长山镇某村民**:我嫁到村里30多年了,跟左邻右舍相处得都好,去城里俺们谁也不认识,生活多没意思呀!
- **清原县大苏河乡某村民**:城市就比农村好呀? 我看不见得。俺们院里种点瓜果蔬菜,自己种的粮食吃起来多好,城里吃的东西它能有俺这自己种的不捆农药的好吃吗?
- **东港市(县)前阳镇某村民**:我还年轻,过阵子想跟几个朋友去沈阳看看,在那的老乡给介绍工作,跟我一般大小的都没有在家待着的,我也想出去看看,最好能留在大城市。
- **朝阳县波罗赤镇某村民**:我就算了吧,一辈子在村里种地,去城里啥也不会干呀。就盼着俺儿子能考上大学,在城里找一份好工作,将来他能进城里生活。

5.3　东北乡村特殊的人口流动困境

调研发现,东北地区乡村村民的居住意向基本形成了两种情况:年纪偏大、社会适应能力相对较差的村民,未来更愿意留在自己生活的乡村;而年纪较轻、对外面世界充满好奇并具有较强适应和学习能力的年轻人,更愿意到城市中生活。这两种人群目前均面临着不同的困境:留在乡村地区的居民,在乡村依靠传统农业难以改善生活,同时年轻劳动力的大量流出导致乡村的产业发展相对滞后。而到城市中工作、生活的乡村村民,受户籍制度的限制无法享受与城市居民同样的社会福利和待遇,同时自身的教育水平又限制了其就业的选择。

5.3.1　依靠传统农业难以提升生活质量

东北三省耕地面积总和为 27 830.7 千公顷,其中包括东北地区国有农场 3 188.5 千公顷,真正属于乡村村民的耕地面积为 24 642.2 千公顷;而东北地区的乡村村民为 4 232 万人,人均耕地为 8 亩左右(《中国统计年鉴(2016)》)。其主要产物为粮食和油料,市场价格较低,然而生产成本不断上涨,单纯依靠传统的农业已经难以满足农民生活需求。现场调研发现,东北地区有相当一部分村庄人均耕地为 1~2.5 亩,且以家庭为单位进行小而分散的经营模式。由于缺少规模化经营无法应对日益上涨的农药、化肥价格,农业收益日益减少。同时传统农业还要"靠天吃饭",一旦遇到大的自然灾害会颗粒无收,村民外出务工成为不二的选择。

（村民访谈）

- 清原县英额门镇某村民:我们这每户地都不多,一家就 3 亩来地儿,光靠种水稻、苞米不够花呀!
- 兴城市(县)东辛庄镇某村民:现在什么不贵? 农药、化肥,没有一年不涨价的,遇到年头不好的时候投进去的钱都收不回来。
- 东港市(县)长山镇某村民:我们老农民呀,种地就是靠天吃饭,有时候老天爷不给饭吃啊。

- **朝阳县波罗赤镇某村民：**我们这地方就是种花生、苞米，这几年老是大旱年啊，苞米没等长成就干死了。
- **东港市(县)黑沟镇某村民：**现在在农村就靠种地不行，都得打点零工，咱这也没多少地。

5.3.2　乡村青壮年大量流出

　　研究全国各个行业的平均年收入可以发现，从事农业生产的年工资最低，为3万元左右。而建筑业、制造业和服务业作为农民务工较为常见的职业选择，其年收入分别为5万元、5.5万元和4万元左右(《中国统计年鉴(2016)》)。我国近十几年经济的高速增长加速了城镇化进程，对于劳动力需求越来越大，相比于乡村务农的"面朝黄土背朝天"的辛苦，城市不仅能提供更高收入的工作种类，更能为乡村劳动力提供相对舒适的工作环境和稳定的工资，同时城市的先进文化也会吸引乡村年轻劳动力前往择业就业，所以进城务工成为大多数乡村青壮年劳动力的首选。与此同时本就明显落后的乡村又要面临劳动力缺失、人口结构失衡、人口老龄化等新难题。

5.3.3　户籍制度限制乡村进城人口城镇化

　　新中国成立之初，我国实行城乡分割的二元结构体制。城乡二元结构体制是指在单一的计划经济管理体制下，通过户籍制度把乡村和城镇人口分为农业人口和非农业人口。国家对这两种性质的人口实行不同的就业、教育、住房等社会福利政策，因而限制了人口流动。随着我国经济社会体制的改革，户籍制度开始松动，过去被集体经济束缚的农民逐渐转变为可以自己支配劳动力的自由人。与此同时，城市改革的步伐也在加快，户籍制度进一步松动与城市用工政策的放松，促使乡村剩余劳动力向城市流动。在改革开放的背景下，城市快速发展，规模不断扩大，乡村人口流动冲破了城乡的屏障，大规模向城市流动。但进城务工的乡村人口仍然受城乡二元户籍制度的限制无法享受与城市居民同等的社会福利,其在城市务工生活仍然得不到有力的保障。受户籍的限制,乡村人口只是实现了空间上的城镇化,并没有实现真正意义上的城镇化。

5.3.4 教育水平限制就业选择

统计发现东北地区乡村人口的教育水平多以小学和初中为主,中职以上的人口占比不足 10%,其整体教育水平较低,而外出务工人员多以初中学历为主,占比 50% 以上。因不具备一定的专业性技能,所以只能选择对劳动力技能和素质要求不高的、主要依靠体力的岗位。

(村民访谈)

- **东港市(县)北井子镇某村民**:我就是小学文化,一辈子除了种地啥也不会,去城里能干啥呀。
- **清原县红透山镇某村民**:我们这岁数,身边都是初中水平,也就能干点体力活,跟你们大学生可没法比,去城里就是做建筑工地力工,女的还能去加工厂干干活啥的。
- **兴城市(县)东辛庄镇某村民**:我这老农民也没文化,我家姑娘比我能强点啊,初中毕业,现在在沈阳饭店当服务员呢。
- **东港市(县)长山镇某村民**:我家最高学历就是我儿子啦,中专,学个汽修汽配,现在在城里 4s 店修车呢,跟你们比不了,管咋的("无论怎么讲"的意思,东北方言)比他老爹强点,起码也算个技术活了,是不?
- **朝阳县北四家子乡某村民**:打小儿("从小"的意思,东北方言)学习就不好,长大不种地还能干啥,现在后悔也来不及了,我就天天跟我孩子说可得好好学习,可别跟我一样在家种地。

5.3.5 进城务工人员难以融入城市生活

受一些制度性的因素与文化理解等因素影响,乡村人口难以融入城市社会。

为了让乡村流动人口在角色转换的过程中，慢慢地改变，同时感受到城市更为美好的人文氛围，可以建立乡村人口流动社区，通过社区活动解决乡村务工人员活动单一、贫乏等问题。通过社区创办文化娱乐活动，让生活在城市活动边缘的乡村人口在心理上得到一种满足和归属感，同时可以让乡村流动人口在心理上更好地融入城市。

通过对样本村的调查分析发现，乡村人口流动后的第一份工作有60%以上的人是在同乡亲友、家庭其他成员的带动下流出居住地。建立外出务工人员交流信息平台，加强外出务工人员彼此交流，增加个体之间社会互动频率，增进流动人员情感，让流动人口外出流动时，没有孤独感，遇到困难时，彼此之间互帮互助，从源头上构建乡村流动人口网络。

第 6 章　东北乡村的生产环境

东北地区乡村的生产仍以农业为主导,近年来由于生产力水平的整体上升,第二和第三产业快速发展壮大。本章将乡村产业类型分为传统耕作型、林果型、渔业型和设施农业型四类农业产业类型,以及工业型、旅游型和都市化型三类非农产业类型,以此来体现东北地区乡村生产环境整体水平和不同分类特点。同时从配套设施和相应政策环境角度出发研究其生产环境现状。

6.1　东北地区村庄分类

东北地区的村庄根据主导产业类型可分为农业和非农业两种类型。农业型村庄包括传统农耕型、林果型、渔业型以及设施农业型;非农业型村庄包括工业型、旅游型以及城市化型。

6.1.1　农业型村庄

1) 传统耕作型村庄

农业型村庄中传统耕作型村庄最为常见。这类村庄的第一产业在产业结构中具有较大比例,农民以种植业为主,并且农民的人均耕地面积较多。虽然有其他产业,但居民的主要劳动和劳动收入来源是种植业。东北地区大部分乡村属于这一类型,此类乡村,人口规模和建筑形式相差不明显。传统耕作型村庄的主要产物为小麦、玉米和水稻(图 6-1)。

图 6-1　东北地区粮食生产区域分布示意图

　　东北地区广袤富庶的土地资源为其发展现代化农业提供了有利的资源基础。东北地区土地资源特征如下：

　　（1）耕地面积广袤。松嫩平原、辽河平原和三江平原土地资源相对集中，地域辽阔，地广人稀。

　　（2）土壤质量高。我国东北地区的土壤多为黑土和黑钙土，其富含有机质，优厚肥沃，为农业生产提供了有利条件。黑土主要分布于松嫩平原的东部和北部以及三江平原西部，黑钙土则主要分布于松嫩平原的中西部。

　　（3）地形平缓为机械化耕作奠定有利基础。我国东北地区的耕地资源成片状集合分布，并且地形地势平坦，适宜农业机械化的实现，也便利耕地的其他建设。

　　由于土地资源的优势，东北地区一直是我国商品粮的重要基地，如松嫩平原和三江平原。北部的三江平原和松嫩平原是小麦的主产区，中部的松辽平原以玉米为主，东部山间河谷盆地和辽河、松花江流域则是水稻的主产区。

　　东北地区已经成为我国大规模农业机械化水平最高的区域之一，形成了粮食作物的地区专业化生产，东北地区未来农业发展的首要任务是保障全国粮食需求，农业发展的重点在于发展优质、特定品种，提高产品质量和竞争力，在农业发展的方向上应走向生态化、规模化和专业化，实现农业绿色化生产，建立绿色粮食食品基地，使得农业产业链得到有效延长。

　　辽宁省的主要经济作物是谷物、水稻、玉米等适合大面积种植作物，传统耕作型村庄主要分布在辽河、浑河、鸭绿江、太子河等沿水系的平原地带。辽宁省主要的粮油生产分布在阜新县、康平县、法库县、东港市等县市。以东港市前阳镇农民村为例（图6-2），该村紧邻鸭绿江下游分流柳林河畔，地处鸭绿江与黄海交汇的冲积平原上，有着悠久的水稻生产历史。柳林河畔所产大米曾为清朝朝廷专用贡米，成为后期驰名省内外的"柳林大米"，目前村内实行土地流转，统一做强品牌水稻种植工作，增加了农民的收入。

　　吉林省的主要经济作物是玉米、水稻、大豆等适合大面积种植作物，农业性村庄主要分布在中部由辽河、松花江、嫩江冲积形成的松辽平原。主要产粮大县有榆树市、农安县、公主岭市、梨树县、扶余市。延边州图们市月晴镇白龙村，东与朝鲜民主主义人民共和国以图们江为界，西与延吉小河龙相邻，是传统的朝鲜

图 6-2　东港市前阳镇农民村水稻

族聚居地,其地势平坦,依山傍水,土壤质地肥沃,全村水稻总种植面积 142 公顷。村庄产业发展紧紧围绕专业农场这条主线,加快农业和农村经济发展,大力实行"一村一品"的产业发展模式。

黑龙江省的主要经济作物是水稻、玉米、大豆、小麦等适合大面积种植作物,农业型村庄主要分布在东部三江平原、西部松嫩平原两大平原地带。其中五常市、肇东市和双城市(均为县级市)为主要产粮大县,入列全国十大产粮大县。部分村则以种植粮食作物闻名,如牡丹江市海林市柴河镇北站村,该村以养殖羊、猪等为主体,也种植农作物,以生瓜、黄豆、玉米等为主。2013 年建成标准化的食用菌生产基地,年产食用菌达 800 余万袋。

2）林果型村庄

林果型村庄主要种植果树。山区与半山区是林果型村庄的主要分布区域,林业生产是这类村庄的村民收入的重要来源。此类型的村庄通常规模小,且分布零散,聚落间距也较小,耕地较少,人口稠密。

辽宁省林果型村庄主要集中在东部哈达岭和龙岗山的延续丘陵地带,以及西部努鲁儿虎山、大柏山、松岭、黑山和医巫闾山的丘陵地带等区域。水果大县有瓦房店市、盖州市、绥中县等。果树的种类主要有苹果、梨、桃等。朝阳县北四家子乡唐杖子村(图 6-3),村庄地处大柏山北部,属于典型的丘陵地带,山多地少，有园地 400 亩、林地 100 亩。村庄产业以水果种植为主。这里高温多湿，土壤疏松多孔且呈微酸性，因此水蜜桃种植质量较高，经济效益好。唐杖子村特色产品"柏山牌"水蜜桃曾获"1999 昆明世博会"铜奖。全村在发展水蜜桃产业基础上带动富士果、寒富果、核桃果等林果业发展，这些成为本村农民增收的主导产业。

图 6-3 朝阳县北四家子乡唐杖子村桃树

　　吉林省的林果型村庄主要集中在以长白山山脉延续的东部与南部地区。果树主要以苹果、梨等品种为主，以延边州、四平地区等地为主要产地。龙井市老头沟镇小箕村，地处长白山山脉，海拔 300 米左右，昼夜温差大，为丘陵坡地。村庄种植的苹果、梨甜酸适度、营养丰富，便于贮存，远销香港等地，并于 2012 年成为延边地理标志保护产品。以此形成特色产业，带动了本村其他产业及周边地区发展，为村民带来经济效益。

　　黑龙江省的林果型村庄主要集中在东南部的牡丹江地区和西北部的大兴安岭与小兴安岭林区东部的长白山山脉地带。水果大县有集贤县、宝清县、穆棱市（县）等。果树主要以苹果、蓝莓、葡萄、梨等为主。佳木斯市桦南县五道沟村，地处半山区，背临起伏山峦。因山林优势，空气自然清新。这里曾是抗日老区。全村有耕地 5 357 亩，重点耕种有玉米、大豆、水稻和白瓜等农作物。五道沟村的林果经济比较突出，占据桦南县水果市场的半壁江山，主要品种有秋香梨、太平果、K9 苹果、冰糖心苹果等优质品种。

3）渔业型村庄

渔业村大多位于河流、湖泊、靠海区域以及内陆一些大中型水库的库区。东北地区沿渤海、黄海一带有许多渔村，村落一般会选址于可以躲避大风大浪的港湾，生产区位于海洋和沿海滩涂。随着经济的发展，不少传统的渔业村已经开始不再以渔业为主要产业，但村庄特有的历史文化特色仍有一定保留。

辽宁省沿渤海、黄海海域周边，包括大连市、营口市、盘锦市等沿海地区乡村多从事海产品生产，而主要海产品有海参、鲍鱼、海螺等。内陆地区主要水系及几个大型水库周边也存在少量渔业型村庄。但是，近年来由于环境污染的加剧、大规模的填海活动以及渔民的过度捕捞，海产品的产量和质量均受到严重影响。东港市（县）北井子镇小岗村（图 6-4），位于丹东市中南部，黄海北部。受黄海影响，具有海洋性气候特点，非常适合出海打鱼和海产品的养殖。全村户籍人口4 100 人，耕地面积近万亩，虾池养殖面积 1 200 亩，以出海打鱼、海产品养殖、淡水鱼养殖为主导产业，养殖的种类主要有对虾、海参、鲍鱼、鲶鱼、黑鱼等，产值占全村总产值的一半以上。

图 6-4　东港市北井子镇小岗村渔船

吉林省主要的渔业型村庄主要集中在图们江、绥芬河等各水系及境内各大湖沼周边。水产品以鲤、鲫、鲢等普生性鱼类为主，以大马哈鱼、哲罗鱼等鱼类形成特色。吉林省松原市蒙古屯乡，紧邻查干湖，因其保留了蒙古族最原始的捕鱼方式，被誉为"中国北方最后的渔猎部落"。2008 年，查干湖冬捕被列入国家级非物质文化遗产名录。查干湖冬捕最大的吸引力在于通过现代旅游节庆等元素的包装，使祖先的捕鱼文化，焕发出新的生机。2014 年，冬捕节捕鱼量 300 万斤,产值 3 000 万元,其中一半以上的鱼都是通过"互联网"送到了千家万户。

黑龙江省的渔业型村庄主要集中在黑龙江、乌苏里江、松花江、嫩江和绥芬河五大水域周边。水产品重点推广河蟹、鲟鳇鱼、大白鱼、松浦镜鲤、黑龙江野鲤、怀头鲇等。位于同江市东 42 千米处的佳木斯同江市街津口赫哲族乡渔业村,全村 232 户,人口 447 人,辖区总面积 4.2 万亩,耕地面积 29 286 亩。渔业村是赫哲族的主要发祥地和聚居地之一,紧邻修恩湖,位于其东南岸。近年大力开发并改造修恩湖,饲养鲤鱼、鲫鱼、鲟鳇鱼和"三花五罗",如今"修恩湖"已成为集繁育、养殖、观赏、放流为一体的鲟鳇鱼养殖基地。

4) 设施农业型村庄

设施农业型村庄主要是指利用现代化的种植养殖技术,进行农作物种植的村庄。这些村庄大多距离城市或集镇较近,村庄现代化技术普及率高,应用现代设备比重高。

辽宁省现在的设施农业分布较广,主要集中在城市和镇周边,以温室大棚的形式为主。村庄主要产业是运用温室大棚等现代设备生产供应城镇所需的蔬菜、水果、花卉等保质期较短、运输距离较近的农产品。朝阳县波罗赤镇波罗赤村(图 6-5)、兴城市沙后所镇烟台村(图 6-6)和东港市前阳镇石门村(图 6-7)等以设施农业为主的村庄,村民收入较高,平均每户年收入在 50 000 元以上。

图 6-5　朝阳县波罗赤镇波罗赤村蔬菜大棚　　　　图 6-6　兴城市沙后所镇烟台村蔬菜大棚

图 6-7　东港市前阳镇石门村设施农业大棚

　　吉林省的设施农业型村庄主要集中在东部绿色产业区。依托长白山山脉形成了一条生产技术先进、规模经营、市场竞争力强、生态可持续发展的新型设施农业之路。主要以棚膜经济、人参和食用菌栽培、黑毛猪养殖等形式为主。吉林市辉南县积极组织各乡村综合运用土地、林地、房屋等资源,在园艺、果蔬和养殖等方面获得良好成效。形成了"组建一个队伍,振兴一地产业,拉动一方经济,富强一方百姓"的新格局,同时全面推行"党支部＋合作社＋农户"新模式,积极发展大棚蔬菜、蘑菇等设施农业以及兔子、林蛙、梅花鹿、黑猪等养殖业,村集体和农民增收成倍提升。为了奠定村集体经济后续发展的坚实基础,辉南县2014 年一共投资 80 余万元,扶持 17 个行政村培育温室花卉与苗木。当年,辉南县全县 143 个村村集体经济收入达 1 620 万元以上,各村集体经济平均收入达11.33 万元。

　　黑龙江省的设施农业型村庄主要集中在东部三江平原、西部松嫩平原两大平原地带,以温室大棚的形式为主,引导和扶持蔬菜、甜菜等高效经济作物生产,打造各具特色的优势产业带。支持发展外向型农业。积极推进奶牛、生猪、水产等标准化、规模化养殖。与此同时,进一步建设观光农业、休闲农业等新型农业类型。黑河市北安市(县)的城郊乡双青村,推行耕地成片生产种植,推进机械化整地,深松化处理,自实行土地流转规模经营以来,村内共有 221 户农民签订了土地经营权流转协议,该村将耕地总面积的 70%(11 200 亩)的经营权转交给村里的农业合作社进行统一管理。实行土地流转后,农机合作社实行土地的集中统一管理并采用大型机械作业实施标准化种植,实施"六统一"整地措施,即种子采购、播种、施肥、除草、整地和收割有机结合。实施具体的措施后,生产力得到了提升,村庄单种作物和农产品总产量增加,并且农产品保持高质量,全体村民农产品收入有效增加。刨除各项投入成本,农机合作社估计可获利 50 元/亩。通过对土地经营权的转让协议,实行土地流转规模经营后,农机合作社交付给农民每年每亩 79.5 公斤大豆,而粮食直接补贴仍交付给农民,使得农民和合作社互利互惠,有效地保证两方的利益。

6.1.2   非农业型村庄

1) 工业型村庄

工业型村庄通常由大型工厂带动发展起来,如农副产品加工厂、化肥厂、农机修造厂、造纸厂等;也有许多村庄是依靠自身的矿产资源等发展起来的,如煤炭、石油、采石等。这些原来以农业生产为主的村庄逐渐发展成为工业村镇或工农业并重的村镇,村民以工厂工人为主,部分工人同时拥有农业户口。工业型村庄的特征是第二产业发展较好,第二产业成为区域经济的支柱产业。凭借乡村工业发展为向导、大力推行以工业促进乡村经济发展、促进农业生产力提高的乡村工业化正在逐步发展。

图 6-8   东港市长山镇柞木村水产品加工厂

辽宁省乡村的工业发展较晚,除部分资源型工业村庄外,其他基本处于起步阶段,基本还是散点分布,没有形成规模化的连片发展。东港市长山镇柞木村(图 6-8),临近海域,距离东港市 9 千米,交通便利。村内除了拥有大面积耕地外还拥有如下资源:铝、金、赤铜矿、白云岩、芒硝等。现有的较成规模的企业有铁锅厂、长山柞木棉织厂、丹东制药厂化工分厂、长山电器厂等中小型加工生产厂。由于工业的发展带动了村庄的整体经济发展,全村已经实现了宽带线路全覆盖。村民总体收入高、生活水平也相应得到提高。

吉林省乡村工业与农业二元结构非常明显,它们之间的产业链相当单薄,资源配置离散,产业关联度很低。资源丰富地区工业化发展水平较高,反之,工业资源欠缺、工业基础薄弱、工业化程度低。以长春市宽城区米沙子镇兴顺村为例,村内除了盛产芹菜、秋葵、南瓜、木瓜、番石榴、南美梨等农产品外,还拥有铜矿、锌、符山石、镁盐等丰富资源,另有较为成规模的罐头厂、织布厂、模具有限公司、硬材料有限公司及铸铁厂等中小型企业。由于工业带动,村民总体收入高,生活水平大幅提高,在新型城镇化中发挥巨大作用。

黑龙江省工业型村庄主要集中在鹤岗、鸡西、七台河、双鸭山等矿产资源丰富的地区,主要出产煤炭、石墨、硅线石、钾长石、大理石、黄金、铂、钯等矿产。黑龙江省七台河市茄子河区铁山乡铁山村,有耕地 4 005 亩,农业人口 1 400 人。村内耕地较少,但村内有丰富的矿产资源,主要出产铜、膨润土、冰长石等,较为成规模的企业有金属制品厂、汽车修理厂、铁山村砖厂等。以产业带动全村经济发展,提高了村民生活水平,增加了村民的总收入。

2）旅游型村庄

旅游型村庄一般风景秀丽、历史悠久,具备特色休闲娱乐设施或特色文化旅游资源,具有一定的旅游接待能力,可吸引和接收大量游客。此类村庄的村民以旅游业为依托从事相关职业,且旅游型村庄的经济收入主要来自旅游配套的餐饮、住宿等商业、服务业,农家业态。

辽宁省的旅游型村庄主要分为三种。第一种,分布在沿海地区,以夏季游泳和海产品尝鲜为主,如大连瓦房店市李官镇龙王庙村;第二种,临近国家级景区的村庄,借助景区旅游吸引力,以农家乐的形式招待游客,如抚顺市清原县大苏河乡三十道河村(图 6-9);第三种,国家级、省级历史文化名村、传统村落、少数民族特色村寨,典型的如抚顺市新宾满族自治县永陵镇赫图阿拉传统村落,依靠其村庄自身历史和文化底蕴吸引外地游客(图 6-10)。

吉林省的旅游型村庄主要分布在三大旅游带。依托长白山脉延边朝鲜族文化形成东部民俗边境旅游带,如延吉、珲春、抚松镇;自然资源禀赋、拥有韵味独特的关东文化的中部城市生态与冰雪旅游带,如梨树镇、东丰县;农牧交错、融合草原文明与渔猎文化的西部草原湿地风光旅游带,如白城市查干浩特民俗村、松原市查干湖。

图 6-9　清原县大苏河乡三十道河村农家乐

图 6-10　新宾县永陵镇赫图阿拉传统村落旅游饭庄

安图县万宝镇红旗村，该村居民全部为朝鲜族。村落位于安图至长白山之间，地理条件十分优越，靠山依水，朝鲜族独特的房屋建筑临溪而建，环境优美，视野开阔，民风淳朴。村民闲暇时，男女老少便集会在一起，载歌载舞，以朝鲜族舞蹈作为休闲娱乐活动的重要活动方式。近年来，红旗村全面开展全村的环境保护工作，创新发展思路，打造民俗化、特色化的乡村生态旅游。2008年，红旗村获得了"第一批国家级生态村"的荣誉称号。

黑龙江的旅游型村庄主要分为三种。第一种，临近国家级景区的村庄，借助景区旅游吸引力，以农家乐的形式招待游客，如大庆市林甸县宏伟乡太平山村；第二种，凭借自身独特的地理位置，将自身的资源进行整合，发展旅游型村庄，如位于我国最北部的漠河县北极村；第三种，国家级、省级历史文化名村、传统村落、少数民族特色村寨，如齐齐哈尔市富裕县的友谊达斡尔族满族柯尔克孜族乡三家子村，依靠村庄少数民族的物质和非物质文化吸引外地游客。

3) 都市化型村庄

都市化型村庄大都邻近城镇,与城镇有机联系而成为其组成部分。这类村庄是城镇的有机扩散,并为其提供附属的生产生活服务设施。主要产业类型为服务业,村庄人口数量大,多从事非农业如行政办公、文化教育、商业贸易、工业生产等相关产业。都市化型村庄在我国东北地区主要以外出务工为主,有少数村庄有规模化农业、养殖业。

辽宁省兴城市元台子乡姜女村(图 6-11、图 6-12),村庄北侧 6 千米处即为元台子乡,东南侧 6.5 千米为兴城市,东北 24 千米为葫芦岛市,交通便利。村庄内有衣物加工厂以及食品加工厂,同时大部分村民会去葫芦岛务工,由于路途较近,村庄无长期在外打工人员,户籍人口与常住人口基本持平。

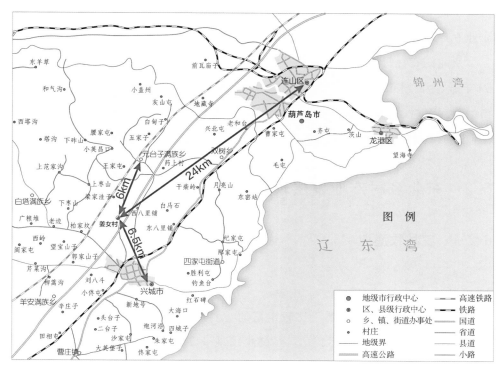

图 6-11　兴城市元台子乡姜女村区位示意图

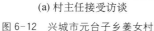

(a) 村主任接受访谈   (b) 村委会及广场   (c) 村主路旁排水沟和电线杆

图 6-12 兴城市元台子乡姜女村

　　吉林省吉林市丰满区江南乡建华村,坐落于松花江南岸,邻近城区城乡接合部。建华村地理条件优越,交通便利。从吉林市中心区开车到建华村只需要 4～6 分钟,该村距离吉林机场 16 千米,距离吉林市最大的铁路货运枢纽龙潭山车站约 2 千米。交通条件、城市基础设施以及区域位置等都为实现良好的经济发展提供重要保障。建华村的资金、资产、资源得到很好的发展,同时村里的民营以及股份制企业也得到了更加深入的发展,数量达到 35 户。其中,集体资产控股企业 6 户,目前吸纳 350 余个乡村剩余劳动力。

　　黑龙江省牡丹江海林市新安朝鲜族镇新安村,位于海林市西部,距牡丹江市59 千米,距海林市 45 千米。村庄有 238 户,950 人,劳动力近 500 人,作为牡丹江市的附属乡村,为城市发展提供人力的发展空间。在村领导班子带领下发展新产业。村集体收入和村民收入水平得到明显提升,向都市型乡材靠拢。

6.2　东北乡村产业发展现状

6.2.1　农林牧渔业

1) 现状特征

　　东北地区的农业资源属于比较丰富的,受自然环境影响,近年来变化不大。三省 2015 年统计年鉴显示:辽宁省农业用地 1 213 万公顷,吉林省农业用地1 746万公顷,黑龙江省农业用地 4 731 万公顷。三省的农业用地都以耕地和林地占比最多,黑龙江的牧草地是辽宁和吉林总和的两倍,具体数据见图 6-13。

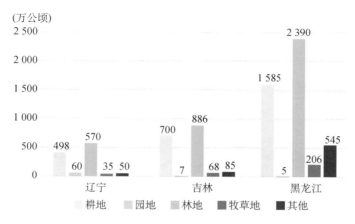

图 6-13　东北三省乡村土地资源分析

资料来源:《中国农村统计年鉴(2015)》。

东北地区农村从业人员的整体受教育程度较低,基本是小学和初中文凭,有限的文化教育和技术匮乏使农业劳动力竞争力十分低下。辽宁省农林牧渔业从业人员 655.5 万人,从 1990 年到 2014 年整体呈现比较平稳的状态。黑龙江省农林牧渔业从业人员 982.8 万人。从 2005 年到 2014 年增长趋势趋于平稳。吉林省农林牧渔业从业人员 751.4 万人,从 1990 年到 2014 年增长幅度较大(《中国年农村统计年鉴(2015)》)。

东北地区农村经济发展逐年提升,2014 年辽宁省农林牧渔产值是 4 303.8 亿元(全国平均 3 297.6 亿元,辽宁省占全国 4.40%),占总产值的 95.68%;其中农业产值 1 734.1 亿元,林业产值 152.4 亿元,牧业产值 1 717.5 亿元,渔业产值 699.8 亿元,分别占比为 38.55%,3.39%,38.18%,15.56%。吉林省农林牧渔产值是 2 795.1 亿元,其中农业产值 1 400.4 亿元,林业产值是 109.8 亿元,牧业产值是 1 244.9 亿元,渔业产值是 40 亿元。黑龙江省农林牧渔产值是 4 800.1 亿元,其中农业产值 3 015.6 亿元,林业产值 195.7 亿元,牧业产值 1 486.1 亿元,渔业 102.7 亿元(《中国年农村统计年鉴(2015)》)(图 6-14)。

2) 现状评析

辽宁省通过市场进行调节,确保农产品质量的提高,以此来增加农民收入水平,同时依靠科学技术,调整农村产业结构,提高农业和农村经济总体质量和效益。并建立了以粮食、畜产品、水产品、水果、蔬菜、林木、原生产品的七个主导产

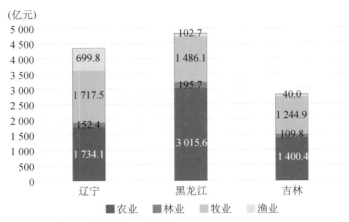

图 6-14　东北三省农林牧渔产值分析

业的框架,构成一定的产业体系,进一步形成产业化龙头项目的加工、销售、贮藏和服务一体化规模效应,工业化的主要项目集中在加工、销售、储存和服务上。因此辽宁省的农业发展具有非常大的潜力和乐观的前景。

吉林省对农业产业化扶持力度普遍加大,使得农业产业化的进展速度高效提升,吉林省农业产业化已经具备了一定规模,吉林省明确了未来农业和农村工作要达到的目标:一是运用工业思想来规划农业,二是农村经济的跨越式发展,三是农民增收。实现这些目标的重要方法是大力发展农业产业化。

农业产业化在黑龙江省起步较早,如今黑龙江省农业经济和农村经济得到了迅猛发展,并且扫除了农民想步入市场的障碍,这与黑龙江省有关部门坚决实施中央一系列加强农业保护和调动农民积极性的相关政策是分不开的。与此同时,加快实行农业产业化的管理经营、基地的规模有效放大,龙头企业大力支持,市场体系进一步引导培育,协调发展各行业,且通过实施"销售促进生产、加工生产精细化、外向型发展、横向引联"的战略使黑龙江省的农业和农村经济取得了持续健康发展。

6.2.2　非农产业

东北地区乡村非农产业整体来说较为薄弱,大多以现有自然资源为依托进行发展。极少数乡村发挥自身交通优势,发展形成了加工、批发市场,如辽阳市佟二堡村以皮革批发闻名遐迩。

　　辽宁省乡村副业资源有限,成规模的工业企业较少,主要是以农产品的加工业为主;同时,除了为农林牧渔服务的相关产业,其余的服务行业发展有限,尤其是乡村的旅游发展处于起步阶段,发展缓慢。辽宁省乡村人口中从事工业工作的有 256.2 万人,其中将近一半的人士从事建筑业相关工作。辽宁省乡村从事服务业工作的有 310.3 万人,近 15 年以平均每年 13.7% 的速度增长(《辽宁省统计年鉴(2015)》)。2014 年,辽宁省乡村副业产值是 194.5 亿元,占乡村总产值的 4.32%。吉林省是农业大省,其农林牧渔业远远超过其服务业以及工业的发展,吉林省村庄副业的类型较为单一,大多以发展乡村旅游业为主,乡村从业人口中,旅游收入也趋于平稳。黑龙江省乡村副业也较为稀缺,工业企业主要以农产品加工为主,乡村物流业也不是很发达;与农林牧渔相关的服务业占总比重的 1.8%。乡村从业人口 982.8 万人,其中从事农业人口 647.9 万人,其余 334.9 万人从事工业、服务业等产业。

6.3　东北产业发展配套设施现状

6.3.1　产业发展基础设施

1)交通运输网络

　　近年来,国家积极倡导乡村公路的发展建设,东北地区通过农村公路建设,为乡村地区提供了更为完备的公路交通设施。首先,从村民群体的最基本需求出发,积极建设沥青或水泥乡村道路,努力实现乡村道路的畅通。其次,提升村庄的安全水平和防灾抗灾的能力,进一步完善村庄的基础设施建设。这些基础设施建设包括安保工程、道路桥梁改建工程等。最后,提升村庄公路的网络化水平和村庄公路的全体服务能力,进一步完善村庄整体公路网的水平,例如进行县道、乡道的改建扩建、连通部分公路等。

　　辽宁省整体地势平坦,现状交通运输网密度较高,但仍然有部分山地地区(如:朝阳县、清原县部分山区)交通运输网络不完善或者道路运输能力有限,导致部分山区农产品运输困难,农民生活水平难以提高。

　　近年来,吉林省以"村村通公路,路上通客车"为建设目标,成为我国较早实现全部乡、镇、行政村通达公路的省。为了进一步完善和推广村庄农业的物流系统,吉林省积极构建完善的基础设施和建立高效的信息服务平台,以保障农业产品的网络化,并构建了以长春为交通枢纽、五条综合运输主要通道的运输体系,形成了三纵两横的布局形式。

黑龙江省率先建成和改进了以哈尔滨为中心的辐射全省的高速铁路、公路综合交通体系。总的来说黑龙江山区交通运输网络较为完善,行政村通车率达到了 96.8%,为确保农产品物畅其流,黑龙江省进一步加强农村公路建设,完善农村公路网络,提高通达深度和能力,提高全省公路网的技术等级和服务水平。

2) 农业水利设施

东北地区是我国传统的、比较稳定的商品粮基地,无论是粮食的总产量、商品量,还是人均占有量和调出量,多年来一直居全国前列。东北地区水土资源分布不均,既有适合农作物生长的好地方,也有长期缺乏降水的黄沙地,因此以水利为中心的农业基础设施建设是工作的重点。我国东北地区的农业基础设施建设依然不够完备,特别是工程性缺水问题急需解决,需要继续提高预防自然灾害的能力。这几年,东北地区降水量显著减少,干旱、高温等极端天气事件频发。

辽宁省农业水利设施中大型灌区 40%、中小型灌区占 50%~60%、小型农田占 50%,水利工程设施中存在着设施配套不足、老化失修、损毁严重、效益衰减的现象,农田水利设施的功能发挥不足。针对这些问题,辽宁省的农田水利设施建设应当以加强农村水利工程维修、养护为主,同时加强修建灌溉电井、田间作业路、沟渠清淤等为主要任务。

吉林省农田水利建设获得了一定成效,但落后的农田水利构建,依旧是其粮食安全和农业稳定的主要问题。吉林省中西部粮食主产区耕地面积占全省总耕地面积的 80%,但仅占水资源总量的 18%,可见水资源分布极为不均。全省耕地面积 8 000 多万亩,超过 2/3 为中低产田,有效灌溉量仅为 20% 左右,不到 15% 的旱地有灌溉条件,旱涝保收面积日益萎缩,抵御自然灾害能力相当脆弱。吉林省应针对这一特点健全农业水利设施工程建设。首先,统一协调配置省内各地区的水利设施,包括草原牧地区、山丘地区、平原地区的配置问题。其次,加速推进省内重要的水利工程的建设,要更加侧重核心领域与重要环节的改进,针对病险水库和中小河流重点地段,要全方位进行检修、除险、牢固和修复整治等工作。再次,根据实际地块条件,打通村庄水系,整修村庄河塘,促进每个灌区的增补建设和配套工作的实施。然后应该围绕桥、涵、闸、排涝站为重点整治对象,对容易发生水涝的地区加强整修,对排涝设施要进行养护和修理,进一步增加配套动力的建设。最后,要合理改建和规划建设,应当以"突出重点、集中连片、因地制宜"为原则,工作的重心应放在灌排渠系的清淤、整治,以及渠道防渗工程维护和修建,喷微灌设备设施养护修理等问题上。

黑龙江省是我国商品粮最为主要的生产基地,承担了我国粮食安全的重要职责。近年来黑龙江省的粮食产量不能持续增收,其原因在于农田水利设施建设和其自身的管理体制出现了较多问题。一直以来,黑龙江省的农田水利建设以防汛抗旱为主,兴建了大中型水利设施;而在落后的山区,基层农田配建缺乏标准,且许多水利设施年久失修,无法利用。黑龙江省应当根据自身特点加强小型水利设施的建设,拓宽水利设施的融资渠道,加强农田技术人员的培训与指导。

良好的农田水利设施是发展农业生产的重要物质基础,东北地区应该加快转变农业"靠天吃饭"的局面,巩固和完善农田水利基本建设对于稳定农业生产、保证国家粮食安全十分重要。与此同时,应推进东北地区的防灾减灾建设、提高农业综合生产能力,为加快改变农业基础设施落后局面,在水利建设中应该进一步发挥政府的主导作用,并且应该把公共财政投入重点放在水利建设上,进一步提高其在总投资中的比重。

3) 乡村工业用电设施

乡村工业用电设施是促进农村经济发展的关键。农村经济快速增长的同时农民生活水平显著提高,农电市场的发展又呈现明显滞后趋势。

辽宁省,县级农电局在 66 kV、10 kV 和 0.4 kV 电网上进行了二次农网、县网工程完善、升级电网等改造工程,国家对电网改造及新建项目投入大量资金,农村电网得到了很大的改善,不仅在生产生活上满足了人民的需求,而且使新项目投产电力容量不足的问题得到了解决。乡村工业用电有所保障,为成立开发区或工业园为各市、县发展经济奠定了基础,例如沈阳市法库县陶瓷工业园和康平县塑编工业园建成后顺利投产。

吉林省在"十一五"期间完成了农用电的改造,城镇农村经济结构进行了调整,资源优势得到了合理配置,为了解决农村通信基础薄弱和配电网网架的问题,建设了配电自动化来稳定智能电网,坚固了基础网架。在农村的特色现代化产业生产生活城乡化现状之下,扩展了农业用电信息采集和生产智能化两项功能,支撑了经济发展和民生建设在智能电网上的呈现。

黑龙江省农电用电量增长较快,农村工业低速增长,农业电量波动较大。黑龙江省农电电力弹性系数偏低,输配电线路长度之比过大,配电线路供电半径过大,变电所数量少、容量不足。黑龙江省对农村经济的相关政策进行重新调整后,使得经济得到飞速发展,与此同时农村用电也将快速增长,用电与供电的矛盾将继续显现。要尽快建立农电投资新体制,大力实行农村电网的建设和改造,改善农村电网电力供应,为适应和促进农村经济发展服务。

6.3.2 产业发展配套设施

1) 乡村信息化网络

农业信息化实现跨越发展的核心阶段是乡村信息化。近年来,辽宁省乡村信息化得到快速发展,乡村网络建设日趋完善,同时,辽宁省农业信息化也有了更深层次的发展。如凭借云计算、大数据、物联网等技术手段构建的"互联网＋"现代农业的体系。辽宁省应大力扶持线上销售的形式,进一步放宽我国东北地区的特色农产品的销售范围。快速落实信息化建设走进每村每户,构建农业电子商务平台和送货、售后服务体系。大力促进农业与其他产业的融合发展,如旅游休闲、教育文化等产业。也要进一步深化农业发展,实施农业的转型发展,如推进体验、观光、创意等新型农业。激励大城市在其郊区发展高科技农业,并且使高科技农业向工厂化、立体化转型。积极促进和鼓励实施会展农业和农业众筹,并提高农业产品的品质,提供专门化、定制化服务。随着乡村人民生活水平的逐年提升,村民对乡村信息化建设的需求也日益增加。据统计2014年第一季度辽宁省的所有行政村实现宽带全覆盖,乡村的宽带用户数量已经达到119.3万户。随着辽宁省对农业信息化的持续推动,全省乡村的宽带普及率逐年提高,使得更多村民拥有了网络化的生活,跟随时代的步伐,一起享受信息化所带来的高效和便捷。

吉林省作为全国农业大省,是国家重点商品粮基地。青年农民对农村的生产、生活、医疗有着重要的影响,他们通过互联网,为农民提供科学有效的农业信息,帮助农民增产增收,提高生活质量。

黑龙江省逐年完善信息化建设,建立起各类农业信息网站 200 多个,发布的信息政策性较强。但其他网站信息发布具有随意性,降低了信息源的可信性,不利于农民对网络信息资源的获取。黑龙江省农业网站的建设应合理运用农业信息化所带来的数据等量化信息,判断农业产品与市场的需求关系,预测今后一定时期的农业经济形势与经济走向,根据农民的需求,抓好农业生产情况和农产品监测预警,分析价格未来走势,在农业信息的引导下,农民的生产经营可以得到很好的控制。

2）农副产品冷链

在农产品中生鲜类产品消费者发展趋向多样化的形势下,消费者更多把消费重点放在提升生活品质上,注重消费的快捷方便、易储存。例如,在选择鲜活农产品速冻食品、乳制品、肉制品和水果蔬菜、水产品时更注重其保鲜的程度,这就促使其食品加工企业的数量不断增加。最近几年,设施农业、畜牧业和机械化耕作使辽宁省农业质量和水平得到了大大提升,不仅其鲜活农产品的产量和冷库需求在逐年增长,专业冷链的运输业也变得抢手起来,这对冷链物流业的发展也有了一定的助推作用。

辽宁省以鲜活农产品为切入点,大力推进农产品进企业、进市场、进超市、进社区,省去了多个流通环节,降低了企业的经营成本。2011 年,为了推进鲜活农产品流通体系的发展,省内供销社在沈阳、葫芦岛等城市建立试点运行。经过 3 年多的建设,辽宁省加快构建鲜活农产品直采直销体系,已逐步形成规模,辐射投入程度进一步提高。拥有 270 多个特色农产品生产基地,产品配送企业产品配送企业、配送中心等数量分别达到 140 余个和 20 余个。批发市场和产品销售点数量进一步增加。

市场结构的多元化发展,使吉林省以鲜活产品为原料的加工业增加。在以发展鲜活农产品市场为主的同时,众多批发商和中介机构也在不断拓展原有的生鲜链条。与此同时,生鲜农产品在配送运输上的时间随冷链环节的增多而不断增加,因此冷链物流在生鲜农产品供应链中的应用越发广泛。大量以初级产品走向最终消费市场利润微薄,许多企业都采用了生鲜农产品冷链方式。从吉林省近年来农副食品加工工业企业数量变化也可以从侧面看出其农副产品加工及冷链服务的发展变化。2004—2011 年,农业食品工业从 207 个增加到 821 个,食品工业从 80 个增加到 155 个。在市场的驱动下,为其服务的冷链物流也在迅速发展(图 6-15)。

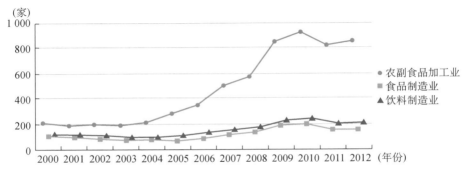

图 6-15 吉林省农副食品加工业数量分析

黑龙江省农副产品物产丰富,质量高。年对外销售蔬菜 125 万吨,其中出口数量达到 30 万吨。2010 年末,已经建有 400 余座冷藏库,其冷藏容量约为 130 余万吨。此外,黑龙江省进一步加大相关企业发展,数量工型增至 180 余家。冷链运输的企业数量达到 20 余家,构建了牡丹江市、大庆市、哈尔滨市的苹果、葡萄、白菜等产业基地。对俄罗斯的蔬菜瓜果出口则主要集中于抚远、黑河等城市,这些城市大都位于我国边境地区,出口的蔬菜主要有胡萝卜、洋葱等。优良的蔬菜质量和规模化生产形成了黑龙江省示范区域,典型的有北林、安达、海林等县区。黑龙江省逐步构建了为全省、全国乃至国际服务的物流通道体系。该物流通道体系依托黑龙江省快速交通网络,并以牡丹江市、大庆市、哈尔滨市这三个物流枢纽为中心协调带动区域的物流建设。与此同时,诸如运输的"绿色通道"政策、大力资金扶持物流企业等相关政策的颁布,进一步加快黑龙江省冷链物流发展,形成了黑龙江省物流发展的政策环境。

3) 乡村工业

　　农村市场具有非常大的市场潜力,因其优越的区位条件,农村工业在农村市场中占有一席之地。此外,由于中小企业灵活机变的有利条件使其在农村工业中显得尤为突出,可以成为市场竞争的一个很好的转折点。市场需求在现今金融危机的经济背景下发生了巨大变化。为了应对危机,国家以拉动内部需求和国内消费刺激为策略,扩展了农村企业的市场活动空间。农村工业正好抓住时机,有利地发挥农村工业机制灵活的优势,在大企业不适应和遗漏的市场空白点,查漏补缺、抢占市场先机,产业调整结构模式,开发适合销售的产品。努力开发国内市场,将农村市场作为重点对象进行开拓。

　　辽宁省传统工业在乡村工业中有部分为资源型产业,这些资源型产业制约了乡村工业的可持续发展,因其产业初级、市场竞争力不强,生产力水平和技术装备落后,资源支持发展的方式难以维持,只有加快经济发展方式转变,实现可持续发展,才能迎来全新的发展机会。辽宁省应该将改造的重点放在传统产业的升级上,乡村工业企业在引入新工艺和新技术方面加大投入,更好地提升其传统产业的产品附加值。同时应当与所在乡村在人力、管理等多方面形成互动,形成良性循环,推动乡村工业发展。

　　近年来吉林省乡村工业虽然取得了快速发展,但因为企业内部存在交流和分工、生产社会化程度不足等问题,企业生产全过程只是从初级到终极产品的过渡。吉林省近几年对农村的产业结构进行了不断的优化和整合,提高其产业结构的技术含量,由原来粗加工和品种单一的加工产品,向附加值高、高新技术的运用产品进行转变,在工业加工模式转型中,进一步改变劳动密集型初加工模式。升级设备、提高管理,使农村工业与乡村其他经济产生互动,乡村工业原料、劳动力能够就地取材,节约成本,打造特色。

　　黑龙江省农村在1992—1998年是乡镇企业高速发展期。从行业构成来看,轻工业所占比重上升、以非农产品为原料的加工工业的比重不断增加,乡镇企业已经有了稳步发展,逐渐成为农村经济的支柱。与此同时,农村建筑业逐步形成规模,建筑施工队伍数量、质量都有了较大程度的提升,每个县设立了农村建设联营公司,统一培训本县建筑队伍,对活跃乡村经济起到了重要的带动作用。

6.3.3 产业相关教育设施

1)职业技术培训

农民职业教育培训是一项造福农民的工作。受历史、经济、环境的影响,东北地区农村职业教育发展水平较低。主要问题是职业学校招生数量下降,农村职业学校质量相对较差,各类职业教育资源减少,职业培训投入不足,职业培训不适应农村经济发展要求,教师队伍素质较低,师资结构落后,不够重视农村职业教育,没有建立相应的教育体系。

辽宁省与吉林省农民对参加职业教育培训的积极性不高,他们文化素质较低,对未来生活的规划和目标不明确,缺乏学习的积极性和主动性。而培训机构的培训内容也与农民实际需求相脱节,不能满足农民提升的要求。

黑龙江省积极开展农村职业教育培训等工作,将公办民办、学校、企业等资源进行整合,协调配合。自 2004 年起,建设了品牌型专业和学校,这些学校和专业在优胜劣汰的竞争当中具有规模大、影响力大、知名度高、能力强的优点。教育培训体系中,以公办农村职业教育培训为主,民办培训机构为辅,包括了县技工学校、农广校、职业高中和职业教育中心等。

为促进农村职业教育的进一步发展,首先,应该推进教学体制的改革,构建完善的教育经费制度,使乡村的办学形式与专业安排的多样性提高。同时,应该提升乡村职业教师的教学水平和自身的综合素质,为满足农民的真正培训需求,不断更新培训内容、理念和形式,将农民的实际生产需求与培训内容紧密的连接,符合农民休息时间的培训时间。另外,在培训形式上做到实际操作与理论"两手抓",调动农民的学习积极性,主动将造福农民的事业融入职业教育培训的工作目标当中。

2)农业技术推广

目前,辽宁省、吉林省和黑龙江省大力建设不同等级规模的农业技术推广站。黑龙江省已经建立 60 余个县级农业技术推广站和 880 余个乡镇综合服务站,全省形成以县为牵头、各个乡镇为连接纽带的基层农业技术推广网络。吉林省 2010 年农业技术推广站共计 750 余个,形成纵-横体系,即由省到乡的纵向农业技术推广体系,结合科研单位、企业、院校等机构形成横向农技推广体系。辽宁省在抚顺、葫芦岛、大连等 5 个市成立了农业技术推广中心,全省的农业技术推广中心总计 1 200 余个。并进一步结合公益性乡村事业,推进农业技术推广综合服务中心的试点工作,农业技术推广有了更深层次的发展。

　　当下我国东北三省的乡村经济发展需要依靠先进的农业技术支撑,所以大力推进农业技术推广在新时代下就显得极为重要。通过完善农业技术的推广机制、大力培养优秀的专业技术人员、推动建设农业技术推广示范案例等助力乡村农业发展。

6.4　东北乡村产业政策环境

6.4.1　相关政策落实现状

1) 政策内容

　　国家对于乡村农业发展的重视程度不断加大,连年出台了诸多政策,以保障乡村农业发展,其涵盖内容全、辐射范围广,现已取得了阶段性进展。

　　首先,在《农业支持保护补贴资金管理办法》《国务院办公厅关于健全生态保护补偿机制的意见》等法律中,出台一系列环境保护法,倡导乡村退耕还林,同时,也详细规定了要为乡村村民提供一定的资金补贴和奖励。其次,在促进乡村经济发展方面,也出台了一系列政策法规。《关于引导农村土地经营权有序流转发展农业适度规模经营的意见》和《国务院办公厅关于金融服务"三农"发展的若干意见》,建议流转乡村土地,提倡农业规模化和农业产业化,大力发展惠农金融,为乡村产业发展提供良好的金融环境,力求使乡村金融服务主体更丰富,扩大乡村基础金融服务范围。最后,在促进乡村经济产业转型方面,国家鼓励乡村旅游业、电子商务业等现代产业发展,以及提倡农业现代化、产业化、规模化,并提出了相关政策。

2) 落实情况

东北地区基本全面落实国家相应的法律法规,在符合政策要求的情况下乡村村民均能够得到相应的资金补偿,同时,乡村环境保护等方面也在不断改善。

辽宁省启动玉米生产者补贴政策,大部分市能够切实履职尽责,主动担当作为,采取有效措施,加强资金管理,规范补贴程序,提高兑付效率,按期完成补贴兑付工作,保证了辽宁省玉米生产者补贴资金及时、顺畅、有序发放。

吉林省农业农村改革发展取得了新的进展和新的成效。农业卫星数据云平台建设已完成整体架构体系设计,开发完成作物识别、农业气象、长势监测等应用模块等省级应用模块,并实现与试点的公主岭市、梅河口市对接,精确记录试点县种植地块、面积识别和作物长势。2016 年,吉林省的 7 个案例在全国现代农业工作"互联网 + "会议暨新农民创业创新大会上被评为现代农业"互联网 + "百强范例、新型农民创业创新百强成果。

农业"三减"对于现代农业发展有很重要的作用。"三减"指减少农药使用,减少化肥施用,减少除草剂使用。黑龙江省全力推进"三减"行动,积极寻找实施"三减"的技术途径,同时还要保证粮食总量和生产效率的稳定,各乡镇纷纷设立试验田和示范点;在试验示范中减少对化学药品的使用,积极推广绿色有机种植。

6.4.2　政策环境现状问题

根据农业部关于乡村村民生产生活水平改善系列政策的出台,东北地区各省也相应制定出相关的政策来保障乡村产业的互动性。从现在的政策及其落实情况来看仍存在一些问题。近年来村庄的发展问题增多,例如村庄生态功能减退、环境污染等问题,这些问题的出现是由于过度注重农业与农村的经济发展,忽视了村庄生态能够承受的范围。现有政策主要关注点均在产业发展方面,农业发展的重要基础——生态环境方面的保护政策稍显薄弱。

东北地区政府以农业功能统筹发展观,调整农业支持政策,支持领域从生产拓宽到生产、生活、生态和社会。计划未来近期和中期实施"减负休养、投入整合"的农业无负担政策,并且在未来的远期构建农业支持体系,以此满足未来农业的可持续发展和复合功能融合的需求。

　　我国需以东北地区资源的养护和使用为工作的重点，大力推进东北黑土地的维持计划、农业的防灾减灾计划、大力建设质量示范农田，对农业种子进行新型研发、设备的改造和创新等，努力实现低成本、高收益的农业发展模式，进一步提高东北地区的农业生产潜力。

第7章 东北乡村的生活环境

"一方水土养一方人"。东北地区独一无二的地理环境孕育了东北人民独有的民族性格与生活习性。而乡村的生活主要指的是乡村村民的衣食住行娱等各方面,如居住、教育、医疗、养老和娱乐休闲等生活条件。本章主要分析这五个方面的现状特征。

7.1 乡村居住环境

我国地域差异性比较大,不同的地域特征造就了不同乡村生活环境。东北地区乡村居住空间主要受到汉族和满族生活习惯的影响,同时又受其他各少数民族风俗的影响,其空间的形成是多民族文化融合的结果。另外,东北地区地域辽阔,冬季气候寒冷,村庄的地形地貌以平原为主,又有山地丘陵,乡村居住环境很好地将自然气候因素与地域特色相融合。

7.1.1 居住环境的特点

东北地区乡村的日常生活是多元文化融合的产物,这些不同的文化风俗不论在生活习惯还是在饮食娱乐方面都影响着东北地区人民的日常生活,东北地区乡村村民继承并发展了这些文化,最终形成多元化的文化特征。统计数据显示,东北地区乡村家庭人口规模主要是 3~5 人,三口以内和四口之家约各占总体的 35%,五口之家占总体的 20%,六口及以上占 10%。乡村村民的日常生活主要在自家院落里进行,农村院落面积的大小与宅基地面积和当地的土地政策有着密切联系。在我国东北的大部分地区,农村住宅占据的面积相对院落来说是比较小的。就调研情况来看,乡村区域都是以一进(一排住宅称之为"一进")的院落为主(图 7-1)。其中前院式、侧院式、后院式、前后院式与天井式是在东北较为常见的院落形式(图 7-2~图 7-5)。

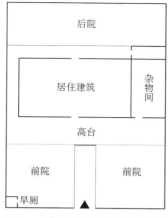

图 7-1 一进式住宅院落平面示意图

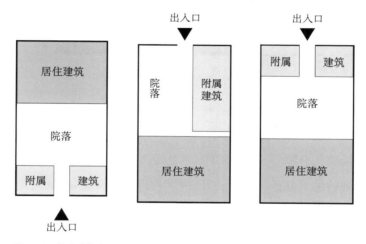

图 7-2 前院式住宅   图 7-3 侧院式住宅   图 7-4 后院式住宅

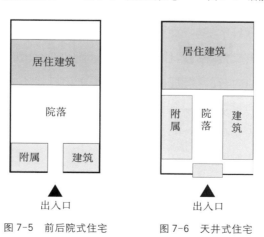

图 7-5 前后院式住宅   图 7-6 天井式住宅

东北地区乡村院落的组合方式是用院墙围合以应对寒冷的气候条件。由于独特的寒地气候、相对广袤的土地和并不紧凑的城乡布局结构,逐渐形成了农村中常见的"大院小宅"的院落形式(图7-7,图7-8)。

图7-7 大院小宅示意图   图7-8 兴城市某户院落

本书重点调研了辽宁省内的乡村宅院及周边情况。在对集中式布局的村庄进行调研时发现,村民宅基地布局比较紧凑,相邻两户院落之间基本是紧邻的,院落之间以院墙为分隔,所以,相邻住宅之间会存在一定的相互影响,但也正是由于有这样独特的宅基地布局模式,增进了村民间的交流,让邻里之间有更多机会交往,促进了和谐的邻里关系。

1)住宅

村民的绝大部分日常活动范围是院落中的堂屋和厢房。东北地区乡村住宅格局整体上传承了满族传统的居住习俗,以三间或四间住房布局为主(图7-9),其内部的设计和其他内容的摆设部分受蒙古族文化习俗影响。朝鲜族在东北地区形成了很多小型的聚居点,一般以村为单位。朝鲜族聚居点的住房格局设计体现了浓厚的朝鲜族文化特色,多为"四坡五脊"的建筑屋顶形式(图7-10),而其中的建构与其他民族相差无几。

东北地区乡村住宅类型以独户式宅院为主,平均层数为1层。总体来看,住宅的材料主要为黏土砖,少数为草砖和土坯砖。附属房屋的建筑材料为黏土砖、草砖、铁皮、膨胀珍珠岩、木材、彩钢板等。外墙的材料有石材、草砖、砌块等,但

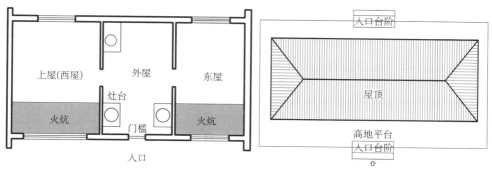

图 7-9　乡村住宅平面格局示意图　　　　　图 7-10　四坡五脊民居建筑屋顶示意图

是绝大部分以实心黏土砖为主。乡村住宅大部分为清水砖墙,常见饰面材料包括面砖、涂料、石灰粉刷与水刷石等。外墙保温多选用聚苯板、膨胀水泥珍珠岩饰品、加气泡沫混凝土与挤塑保温板等材料。屋顶采用钢筋混凝土屋架、钢屋架等结构材料;屋顶保温则多采用苯板、木屑、岩棉、草木灰等材料;屋顶的表面材料以普通挂瓦、镀锌铁皮板为主,少部分使用防水油毡、防水混凝土与防水砂浆等材料(图 7-11)。

(a) 红瓦硬山石砌立面　　　(b) 红瓦硬山涂料立面　　　(c) 红顶硬山水刷石立面

(d) 囤顶水刷石立面　　　(e) 囤顶清水砖立面　　　(f) 囤顶瓷砖贴面立面

图 7-11　乡村住宅外立面现状

　　东北地区冬季长达 6 个月,由于户外寒冷乡村村民基本不会开展户外日常活动,而以室内活动为主,传统东北住宅卧室通常设置在东屋、西屋,厨房则在外屋。火炕上摆放储藏衣物和被褥的木柜,或者没有木柜直接将被褥叠放整齐置于火炕一隅。其余空间依据主人兴趣布置桌子、柜子、书架等家具，以及冰箱、电视、洗衣机等家用电器(图7-12)。厨房中最主要的灶台一般因火炕位置布置在厨房南侧，灶台旁留临时摆放柴草之处，其余空间摆放厨具、粮食、餐具等(图7-13)。

此外，东北地区乡村民居的特别之处是卧室的火炕，它是在东北乡村起居生活

图7-12 乡村住宅卧室一角

中不可或缺的重要空间，火炕也基本占据了村民卧室一小半的面积。无论是吃饭、写字，还是与朋友交谈，抑或是孩子们的许多娱乐项目，例如抓"嘎拉哈"、翻绳等游戏，基本是在火炕的炕桌上进行的(图7-14)。但是随着东北地区的经济社会发展，许多家庭也加建了自家"土暖气"等采暖方式，少数农宅出现了以床代炕的情况。

(a) 乡村住宅厨房一角

(b) 位于南侧的主灶台

图7-13 乡村住宅厨房内景

(a) 剖面示意图

(b) 火炕炕梢摆放着炕琴柜

(c) 极大的南窗给冬季活动场所带来阳光

图7-14 火炕

2) 菜园子

在自家院落小范围耕种蔬菜也是东北地区村民的日常生活。在春种时节，村民会根据自家院落条件，种植一些自给自足的瓜果蔬菜，比如黄瓜、豆角、西红柿、土豆等。这样一方面可以食用自家生产的农作物，经济实惠；另一方面，院落内的瓜果蔬菜也是对院落内部的一种美化，一举多得(图 7-15)。

(a) 清原县红透山镇某户院落菜园　(b) 朝阳县胜利乡某户院落菜园　(c) 东港市(县)黑沟镇某户院落菜园

图 7-15　乡村院落菜园空间

3) 牲畜圈

受传统的渔猎和畜牧养殖的影响，东北地区的乡村不少家庭院落中都养有家禽、家畜，在院内一侧建有家禽舍或畜圈(图 7-16)，主要养殖的家禽种类包括鸡、鸭、鹅等；家畜则有猪、牛、驴、羊、狗等。部分家庭将其视为增加家庭收入的一种方式，绝大多数家庭是作为日常自家食用。此外，少数村民还饲养驴、牛、马，作为农耕牲口使用。由于国家整治乡村地区卫生环境提倡人畜分离，乡村地区家庭院落养殖牲畜的情况正在减少，常在村庄外围单独设立牲畜圈。

4) 大门口

东北地区乡村村民与城市居民的日常活动流线虽有区别但差异不大，但是邻里交往方面，乡村村民与城市居民差异不小。乡村村民与自家院落周边邻里关系十分密切。傍晚时分，村民们吃完晚饭后，会自发地聚集在院落门口的公共空间，男性的休闲活动以打牌为主，女性以聊天为主，邻里关系十分融洽(图 7-17)。

(a) 朝阳县胜利乡董家店村　　　　　(b) 朝阳县瓦房子镇大杖子村　　　　　(c) 清原县红透山镇红透山村

图 7-16　乡村院落饲养家禽家畜

(a) 朝阳县瓦房子镇某户院落门口　　　　　　　(b) 朝阳县瓦房子镇某户院落门口

图 7-17　村民在院落门口休闲活动

7.1.2　居住环境存在的问题

对住房条件满意度的调查数据显示,对住房条件不满意的仅占 7.79%,绝大部分乡村村民对于自身现状及居住环境比较满意,这是因为之前已对乡村部分住房进行过一轮整治,对于没有自主修建住房能力的村民政府采取补贴等方式给予帮助。但是,调研过程中我们也发现东北地区乡村居住条件仍存在一些不足:少数村民的私密性生活空间划分不明确,全家几代人生活起居均在同一卧室,家庭内部成员的个人生活私密性保护意识较差。因缺少半私密空间导致部分休闲活动到院落门口进行,其舒适度和安全性均存在一定问题。部分村民住宅自来水分时段供应,冬季做饭大部分仍以燃烧柴火的大灶为主。绝大部分乡村院落内仍以传统旱厕为主,部分家庭还养有家禽牲畜,对院内居住环境均产生了负面影响。总体而言,居住功能的现代化程度仍有很大的提升空间。

7.1.3　居住环境的演进态势

随着社会经济快速发展,乡村的生产与生活方式也在不断发生着变化,乡村住房和院落的形式也在不断地改变,未来东北乡村居住环境可有如下发展趋势。

(1) 空间功能的独立化

随着乡村村民物质生活水平达到一定的程度,其自我意识逐渐增强,进而对家庭私密空间和半私密空间也更加重视;同时,由于生产和生活的界限进一步明确,各类空间严格划分也成为可能。因此,各类功能空间的相对独立,也是人们期盼和追求的。比如,独立的厨房、独立的卧室,甚至独立的书房、客厅、室内卫生间等。

(2) 传统功能的现代化

受到传统生产和生活方式,以及环境条件的限制,东北传统乡村住宅中仍保留着一些传统形式和特殊功能的生活设施,比如火炕、大灶、水缸等。但随着社会的不断发展,这些传统的形式和功能已经或者即将被现代生活方式取代。比如,冬季取暖的方式已经逐渐由火炕过渡到火炕结合小锅炉,甚至直接被小锅炉取代;秸秆、木材等传统燃料逐渐被煤炭、液化天然气取代;二十四小时自来水逐渐取代传统笨重的水缸等。

(3) 乡村需求的城镇化

东北一些乡村已经尝试进行厕所革命,把一年四季必须出门如厕的生活习惯转变为城市居民的如厕习惯,实现室内卫生间。目前,由于东北地区冬季低温的主要矛盾和低密度处理的经济型次要矛盾正在被解决,不远的将来,干净、卫生、方便的室内水冲厕所将普及东北乡村的千家万户。

(4) 传统院落的艺术化

为了满足居民的日常需求,东北传统乡村的院落空间汇集了菜园、厕所、农具仓库、粮仓、粪堆、柴草堆、鸡窝、鸭架、狗窝等数不尽的功能空间,而随着生产、生活方式的转变,院落空间的功能在不断地改进,因此追求美也成为乡村村民的需求。不久的将来,乡村遍布小园林的场景应该不足为奇。

7.2 乡村教育环境

根据我国的教育分类,东北地区乡村村民日常学习活动的类型可以归纳为基础教育、高等教育和职业教育。其中,基础教育包括幼儿园、学前班、小学、初中、高中;高等教育是指大专和各类高校;职业教育包括中等职业学校和技术学校等。受上学距离、师资配备等因素的限制,基础教育成为乡村教育中的薄弱环节。

7.2.1 教育环境的特点

调研发现,东北地区乡村各级各类教育设施分布基本合理,大体能满足乡村人口对学习的需求。幼儿教育是乡村村民未成年教育培养体系中的薄弱环节。为了接送方便,当地村民一般将幼儿就近送到村里的托儿所和幼儿园(图 7-18),由托儿所里"幼师"来照看。这些幼师几乎都是初中学历,并没受过专业的幼师培训,对幼儿只是看管,并不能尽到系统的教育启蒙作用。也有一定数量的幼儿不送去幼儿园,由父母、爷爷奶奶或者姥姥姥爷在家照看,孩子六七岁时才被送去当地小学的学前班接受学前教育,七八岁上一年级。乡村村民的常规义务教育都遵循就近原则,小学和初中的学习在乡村学校就读,每日都可以回家(图 7-19);高中、技校、大专及以上的教育机构在镇区或者城区乃至更远,学生在学校居住,每周或每月回家一次。汽车驾驶等专业技术培训在当地的镇区或城区完成;农业技术培训一般由农业技术推广站负责,其时间通常选在农闲时节

图 7-18 朝阳县北四家子乡北四家子村乡村幼儿园   图 7-19 东港市(县)长山镇柞木小学

的周末,以村域内的活动广场为场地,方便更多的村民前来学习。

　　总体来看,东北地区目前城乡文化教育方面还不够平衡,乡村的教育事业发展仍然落后于城镇。乡村地区现有高学历、高素质的人口在不断地向城镇转移,这也是农村出现"人才洼地"的原因。

　　从《黑龙江省 2010 年第六次人口普查主要数据公报》中获悉,2010 年,黑龙江省 6 岁以上(含 6 岁)的人口中,城镇人口所占比重为 56.23%;乡村人口所占比重为 43.77%。由于义务教育的普及,在城镇人口中受教育比重约占城镇人口总数的 98.15%,乡村地区同比为 96.67%,城镇高出乡村 1.48 个百分点。将人口城乡分布以文化程度的不同作为视角来观察,2015 年乡村小学文化程度的人口比重要比城镇高,初中及以上文化程度的人口比重要比城镇低,并且乡村与城镇相比,文化程度越高相差就越大(表 7-1)。乡村每十万人拥有大学文化程度人口约 1 200 余人,而在城镇则高达 15 000 余人;乡村每十万人拥有高中文化程度人口仅约 5 000 人,城镇则高达 23 000 余人。

表 7-1　2015 年黑龙江省各种文化程度人口城乡构成对比

分类	小学	初中	高中	大学
城镇	34.24%	51.45%	85.24%	93.85%
乡村	65.76%	48.55%	14.76%	6.15%

资料来源:《黑龙江省统计年鉴(2015)》。

7.2.2　教育环境存在的问题

　　目前,乡村教育的问题主要集中于基础教育方面,乡村的孩子上学基本都得到镇里,由于距离的问题,孩子们很少可以走读,住校的餐饮、住宿开销问题无形中给家庭增添了经济负担。城镇的学校无论师资配备还是设施建设都明显要优于村里的学校,年轻的教师很少有意愿去乡村教学。乡村教育课程多处于基础知识教育阶段,缺乏心理辅导、思想教育、实践教育等。同时,乡村教育缺乏城镇教育体系下的互动交流,例如师资交流、教育座谈等。

7.2.3　教育环境的演进态势

随着"优先发展教育事业"在党的十九大的提出,未来政府应切实推动城市乡村义务教育一体化发展,并且着力发展乡村义务教育,对于学前教育、网络教育与特殊教育要用心办学,逐步在农村推广高中阶段的教育。教育事业的主要发展趋势就是确保每个孩子都接受公平的高质量的教育。

未来,在师资建设方面应做出很大的改善。首先要提高乡村教师的待遇,建立乡村教师工资保障机制,建立激励机制鼓励教师前往乡村任教。改善办学条件,优化教学环境,进一步将乡村教师的积极性调动起来。教育内容方面应完善教学体系,丰富教学的课程,让乡村学校的课程不再单一枯燥。学校要重视对孩子们的心理辅导、思想教育等,保证孩子们接受更充分、更完善的教育。在教育资源未普及的情况下,由于上学距离而产生的住宿、餐饮等经济问题,有关部门要进行相应的补贴,以减少乡村家庭的经济压力。

应建立城乡互动机制,让城市的教师资源能够流动到乡村来,乡村的孩子们也可以通过一定方式进入城镇接受良好的教育。今后,要在乡村内部推进学校的建设,使孩子们能够就近上学,有效地降低安全隐患。

7.3　乡村医疗环境

7.3.1　医疗环境的特点

近年来,国家一直高度重视农村基层卫生服务体系的建设,党的十六届六中全会通过一系列相关文件并相继实施了《农村卫生服务体系建设与发展规划》《健全农村医疗卫生服务体系建设方案》,以建设乡镇卫生院、村卫生室为重点,加大投资力度使得农村居民就医更加便利与公平。虽然东北地区的农村卫生服务水平在不断地提升,但是仍然不能满足农村居民的健康与医疗需求,主要体现在基层医院的医疗设施不完善与医护人员水平不高、基层医疗设施和设备不健全、医疗人才稀缺与医疗结构布局不得当等方面。从空间分布角度建立的基本公共服务设施均等化是实现公共服务设施均好性的重要措施。基础医疗卫生设施在公共服务设施中具有重要地位,实现基础医疗卫生设施布局的空间均等化能够极大地缓解我国"看病难、看病贵"等民生问题。

在城乡统筹的背景下,县医院、镇卫生院(社区卫生服务中心)、村卫生室(社区卫生服务站)被界定为基本医疗卫生设施(图 7-20)。2015 年辽宁省统计年鉴显示,辽宁省乡镇卫生院 1 012 个,其中中心卫生院 249 个,乡卫生院 763 个,村卫生室 19 844 个。乡镇卫生院有床位数 29 381 张,村卫生室无床位。乡镇卫生院有卫生技术人员 24 663 人,村卫生室卫生技术人员 26 557 人。2015 年吉林省统计年鉴显示,吉林省乡镇卫生院 773 个,其中中心卫生院 204 个,乡卫生院 569 个,村卫生室 11 225 个。乡镇卫生院有床位数 29 381 张,村卫生室无床位。乡镇卫生院有卫生技术人员 19 298 人,村卫生室卫生技术人员 2 127 人。2015 年黑龙江省统计年鉴显示,黑龙江省乡镇卫生院 985 个,其中中心卫生院 305 个,乡卫生院 680 个,村卫生室 25 847 个。乡镇卫生院有床位数 29 381 张,村卫生室无床位。乡镇卫生院有卫生技术人员 28 679 人,村卫生室卫生技术人员31 409 人。

　　(a) 清原县大苏河乡某村卫生所外观　　　　　　(b) 清原县红透山镇某村卫生所内景

图 7-20　村庄卫生所

东北地区多层次的乡村村民基本医疗保险体系在初步形成的基础上,不断完善且发展迅速。目前,新医改方案已经出台,东北地区各级政府和相关部门正加快推进多层次的医疗保障体系建设,积极落实新医改方案的各项目标。

辽宁省确立了农村医疗保障体系,该体系中以农村医疗救助制度和新型农村合作医疗制度为主要制度保障。2016 年,新型农村合作医疗筹资标准为

530元每年每人,其中参合农民自筹120元/人,中央和地方财政共同对参合农民每人补助410元/人。目前,农村医疗救助主要包括农村民政部门医疗救助和参加新型农村合作医疗救助。

黑龙江省新农村医疗合作社已全覆盖。黑龙江省卫生厅制定《黑龙江省关于设立新型农村合作医疗定点医疗机构的指导意见》以保护参加新型农村合作医疗的农民利益,分别从加强新农合定点医疗机构管理、定点医疗机构申请和授权程序、规范定点医疗机构实施行为三个方面进行了界定。黑龙江省还实行医疗费用公开化、透明化,一旦发现患者或其家属不同意使用《黑龙江省新型农村合作医疗补偿基本药物目录》所列药品以外的药品,或者医疗机构引诱农民过度医疗的,在核查之后予以通报批评,累计记过3次之后将会被取消指定医疗机构的资格;同时如果发现有指定医疗机构变相与医疗基金合作套取患者资金,或者变相为病人提供过度医疗,情节严重的,取消指定医疗机构资格,3年内不得重新申请。

7.3.2　医疗环境存在的问题

据实地调研了解到,村民选取医疗设施的类型一般取决于自身病况的严重程度以及到各级医疗设施的空间距离。如果病情不严重,主要采取就近原则。感冒、头疼就去村卫生室就医买药,需要拍片、住院的病则大多去乡镇卫生所或城市医院。依据病情的严重程度,村民的就医选择分为村、乡镇、市区三级。

为整体了解居民对基本医疗卫生设施的需求状况,就设施数量、设施质量以及基本医疗卫生设施的空间分布距居民居住点的距离等几个方面的状况,调研团队在东北三省选取了9个镇(每省3个)进行实地调研。从镇卫生院服务半径、镇卫生院质量、镇卫生院使用率、村卫生室数量、选择设施的影响因素这五个方面展开分析。在服务半径方面,居民对村卫生室的可达性评价高于镇卫生院;在质量方面,居民对镇卫生院的评价要好于村卫生室,但整体质量偏低,医疗卫生设施的质量尚待提高;在使用率方面,居民对镇卫生院的使用率的评价要高于村卫生室,尚有约20%的村民基本不会选择使用村卫生室;现有村卫生室数量,与居民心理预期仍有一定差距;居民在选择设施时,首要关注的是医疗水平,其次是医疗人员的服务态度。

7.3.3　医疗环境的演进态势

从村、镇医疗服务满意度和需要加强的医疗设施可以看出:村民对村卫生室和镇卫生院的服务态度相较满意,需求主要集中在医师水平提升和更新医疗设备两个方面。政府应该加强对村卫生室和镇卫生院的医师业务培训,对村卫生室和镇卫生院的医疗设备进行维护更新,增加村卫生室和镇卫生院的就医人员数量,增加村卫生室和镇卫生院收入的同时减轻市医院的接诊压力。

目前,国家已经出台了相关全科医生的培训、考核等政策,但是对于乡村全科医生培养培训的相关政策还未全面制定,应制定乡村全科医生培训的相关政策并且全面实施,促进乡村医疗水平的提高和医疗卫生服务模式的转变,为村民提供高水平的基本医疗卫生服务,让村民们可以就近就医,缓解乡村"看病贵、看病难"的问题。

7.4　乡村养老环境

7.4.1　养老环境的特点

东北地区乡村人口中 65 岁以上占总人口的 11％,略低于全国平均水平,从人口红利的角度上讲目前仍处于人口红利时代。关于老龄人口的增长率,未来的老龄化趋势将不断加重,实地调研中发现,乡村的人口老龄化程度现状要比统计数据显示的情况更加严重,这是因为乡村年轻人口大量涌入周边城市,而老人则留守家中。随着年龄的增大,乡村老人对其自身的生活条件、养老保障等均存在担忧,却又无能为力(图 7-21)。

在所调研的 68 个村中,有社会养老设施的乡村仅有 4 个,只占 5.8％,其中,抚顺市清原县红透山镇红透山村的"阳光之家"公办养老助残机构是养老设施相对较好的代表。"阳光之家"成立于 2010 年,其前身是 2004 年建立的残疾人"爱心养殖基地"。由村支书个人出资建设,占地面积 100 余亩,先后投资 280 余万元。建有两层楼房 1 栋,使用面积 630 平方米,猪舍 500 平方米、鸡舍 200 平方

(a) 朝阳县瓦房子镇大杖子村　　　　　(b) 朝阳县胜利乡孙家店村

图 7-21　村里老人生活状态

米、牛圈 100 平方米，农田、蔬菜地 80 亩、鱼塘 4 亩等。目前养殖黄牛 150 余头、猪 100 余头、鱼类 5 000 余尾。免费安置残疾人及老人共 24 人，其中，日间照料 20 人，寄宿托养 14 人。管理人员 5 名，经济上实现自给自足，并略有盈余（图 7-22～图 7-25）。

图 7-22　"阳光之家"入口标识　　　　图 7-23　"阳光之家"主体建筑

图 7-24　"阳光之家"种植菜园　　　　图 7-25　"阳光之家"养殖猪舍

　　养老助残机构兼具了养老院和残疾人院的功能,有劳动能力的老人可以在院内进行一定的种植、养殖活动,不具劳动能力的则由专人看护。住宿、饮食、休闲娱乐都是在院内进行,宿舍两人一间,宿舍内配有单人床、桌椅等简单的家具,每个楼层配有公共卫生间,同时配有公共活动室,可以在里面看电视、聊天、打乒乓球等(图 7-26,图 7-27)。

图 7-26　"阳光之家"内部活动室之一

图 7-27　"阳光之家"内卫生间兼盥洗室

　　近年来,东北地区乡村社会养老保险制度有了明显发展。对比之前乡村村民没有任何养老保障,现在随着新型农村社会养老保险和城乡居民基本养老保险制度的不断完善,乡村村民也被纳入国家养老保险体系中。东北地区乡村村民的养老保险为年满 16 周岁居民自愿参加,养老保险金缴纳由三部分构成,包括个人缴费、集体补助和政府补贴。个人缴费分为 12 个档次:100 元、200 元、300 元、400 元、500 元、600 元、700 元、800 元、900 元、1 000 元、1 500 元、2 000 元。每年参保人可选择缴费金额,村委会可召开会议确定集体补助金额。同时,国家对每个参保人员的补贴标准依次与个人缴费对应为30 元、40 元、50 元、60 元、70 元、80 元、90 元、100 元、110 元、120 元、130 元和 140 元。而已经年满 60 周岁的乡村村民则不需进行缴费可每月领取 85 元的基础养老保障金。现在养老保险金额度虽十分有限,但一定程度上解决了乡村老人的部分养老问题。未来,随着经济水平的整体提升金额数量将不断提高。

　　然而,现状调研中发现,虽然政府出台了相关政策,但是由于是自愿选择是否缴纳和缴纳档次,仍有很多乡村老人没有缴纳养老保险。究其原因,一方面,由于信息不畅，部分老人不知道可以缴纳养老保险；另一方面，部分老人由于经济能力有限未缴纳养老保险。而缴纳基础养老保险金的老人则表示到了年纪之后均有领取到对应的保障金。

7.4.2　养老环境存在的问题

调查研究发现，东北地区老人基本仍持有"养儿防老"的传统观念，养老现状以居家养老为主，乡村养老设施配套较落后。养老保险政策虽全域覆盖，但由于村内老人观念相对保守，仍有部分老人没有选择缴纳养老保险金。现在东北三省的养老功能虽然在设施配建方面以及政策资金保障方面做出了很多努力，但距离乡村村民的养老需求仍有较大差距。

7.4.3　养老环境的演进态势

社会养老在乡村地区还未发展起来，但是调查数据显示，村民对于社会养老的需求明显增加。未来，社会养老、村集体养老等新的养老模式将是乡村地区的发展趋势。

（1）社会养老

主要以社会养老院的形式进行养老。未来乡村的年轻劳动力仍将不断向城市转移，村中老人居家养老也将面临无人看管的问题，而老人独居面临生活无法自理等困难，在经济条件允许的情况下社会养老将成为其主要的养老方式。

（2）集体养老

主要以老迈体弱、无所依靠的老年人为主体，农村集体经济组织针对这类人群进行赡养的制度。主要有农村五保老人养老、部分老年人优抚抚恤、农民退休养老以及养老院养老，相对于到新环境中，老人们明显更喜欢生活在自己熟悉的环境中，所以该种模式在乡村地区将有广大的发展前景。

（3）养老保险

自新中国成立以来，二元经济制度将城镇与乡村进行了严格的区分。目前，虽然各级政府逐步实施城乡统筹,农村经济发展水平仍较低,人均收入增长缓慢,各地区经济发展不平衡,乡村地区的养老保险制度还不十分完善,从村民的实际需求来看现在的养老保险制度还不能很大程度上缓解乡村村民的养老经济压力。未来,乡村地区的养老保险制度将不断完善,养老补贴力度也将不断提高,逐步发展成为乡村老人养老的主要经济来源。

（4）土地养老

在乡村养老,重要保障之一就是土地。通常情况下,土地以家庭为基本单位进行分配,并且父母拥有对土地的使用和收益的专有权利。近年来,随着农村土地流转制度的不断完善,年纪渐长的村民失去劳动能力之后,其拥有的土地可以通过流转获取一定的经济收益,这部分收益可转化为养老基金。

7.5　乡村娱乐休闲环境

农村人居环境质量的提高是社会主义新农村建设中的一个重要组成部分,而改善农村人居环境的关键之一在于乡村公共空间的修建与完善。

东北地区的乡村城市化开始得较晚,文化休闲设施缺乏,弱化了公共空间的功能。乡村公共空间形式单一、功能混乱,已经不能满足村民的基本娱乐活动需求。

随着市场经济和现代化、信息化的不断发展,电视、电脑、智能手机等现代电子产品进入农村家庭,传统娱乐功能的公共空间逐渐被村民忽视,渐渐淡出了人们的生活。由此,新农村建设需要相应的能够满足人们日常休闲和人际交往的休闲文化广场和图书室、棋牌室等,以承载并吸引大量村民进行健身、娱乐、游憩、交往等活动。

7.5.1　休闲娱乐环境的特点

由于东北农村地区特殊的气候环境与地理位置、地区间不同的经济发展水平,以及在价值文化上的差异,导致了不同区域的空闲时间不同。由于农作物生长的季节性差异以及其生长的特殊性,农民休闲娱乐活动的时间必须要依照当地农作物生长的周期、具体节气、当地天气等情况来安排。农闲的时候农民拥有大量空余时间,进行其他的生产劳动、家务劳动,或者进行休闲娱乐。在冬季东北地区不能从事农耕劳动的时间长达 4～5 个月。该地区的种植只能进行一年一茬的耕作方式,不仅耕种的时间晚,而且每年秋季收割以后不再播种,直至第二年开始播种以前,大部分农民都处于农闲状态。但耕种的季节,为了农业生产的正常进行,农民都尽可能地将时间用于农耕劳动。

通过对东北地区进行走访、调查以及以问卷形式与村民面对面的交谈,总结出以下数据:冬季,是绝大部分农民的农闲时间,平均闲暇时间为 6～8 小时;春季,平均闲暇时间每天 5.5 个小时;夏季,平均为 6.5～7 个小时;秋季,农忙,平均闲暇时间平均仅有 5.2 小时。从以上数据不难看出闲暇时间存在季节性的差异。

在农村固定的空间范围内,休闲生活的地点有以下几个:一是住宅内,包括自家住宅、亲朋好友家住宅以及邻居家住宅;二是村内的主要公共场所,分别是村内广场、娱乐室或者书屋等;三是村外,包括相邻的村落、附近的城镇或者远郊等。农民最喜好的活动空间是自家宅院,其次是村内一些公共场所,小部分人或者有需要的情况下才会走出村子。据调查,东北当地 41.4% 的农民将自己家作为休闲地点,38.6% 的农民选择在自家或别人家,8.4% 的农民选择了别人家,还有 11% 的农民选择了村内的公共场所,仅有 0.6% 的农民选择去村外。

乡村村民的日常休闲娱乐活动包括扭秧歌、打牌、打球、健身、购物等,其中,扭秧歌的练习主要在村庄休闲广场进行,节庆日有大秧歌表演活动。对于乡村村民来说,最频繁的娱乐活动是打牌,农闲时饭后三五个人坐在院门口或者大树下一起打牌;冬季,则聚到某一人的家中。健身、球类体育运动,不是年龄大的乡村居民的热门活动,主要是儿童热衷的活动。对于村中的年轻妇女来说购物是一项不错的活动,她们通常去镇上或者市里的商场购物(图 7-28)。

(a) 清原县红透山镇　　　　(b) 朝阳县波罗赤镇卢杖　　　(c) 朝阳县北四家子乡唐杖子村
　苍石村小卖部　　　　　　　子村健身广场　　　　　　　扭秧歌活动

图 7-28　村庄休闲活动示意

7.5.2　休闲娱乐环境存在的问题

目前，东北地区中心城镇文娱配套设施——广场、绿地、体育馆、图书室、健身馆等齐全，村镇也都配有村民活动广场、村民活动室、运动场等。但在极少偏远地区，村民文娱活动意识还比较淡薄。实地调研数据统计显示，每个村庄内都有小卖部，小卖部也是村民们经常出入的公共场所，村民日常的生活必需品都在小卖部购买，家用电器类大件在镇上或者市里的商场购买。81.48%的村庄有休闲广场。广场建有一些健身设施、篮球架等，这里是村内孩子的乐园。每到节庆日，广场上有大秧歌表演。休闲广场在冬季使用率较低，春夏秋季，适用人群（年轻人为主）量大面广。

乡村娱乐场所中的基础设施建设极其重要，其是农民们进行休闲娱乐的活动平台和载体。政府在农民休闲空间的建设方面投入了大量资金，提供了大量的技术支持，建设了体育馆、广场、绿地、健身房、图书室等运动休闲设施，并根据农民喜好的休闲活动类型建设了相应场地设施，如秧歌广场、"二人转"大剧院等。

建设在农村的绿地、广场等休闲活动的场所，不仅将农民的生活环境进行了优化，还为村民们提供了休闲活动的空间。这些空间让村民的休闲活动与交流互动的场所不再局限院墙内（图 7-29）。村民们走出家庭，在公共空间了解并认识更多的朋友，农民休闲活动范围变大并且不局限于自己的小圈子，加强了整个村庄人与人的交流。在乡村设立图书室、体育馆还有健身馆等休闲活动场所，不仅能够吸引更多的村民参加休闲活动，在精神放松、修养身体的同时还能够学习到新的科学知识与新的休闲方式,同时还能强身健体,真正拥有健康的休闲生活。

乡村将进一步建成种类齐全、内容多彩的文化娱乐基地,不仅仅是传统文化,也将现代的科技与乡村发展相结合,让村民在进行休闲活动的同时开阔视野。从而为村民营造出一个舒适理想的休闲娱乐环境,改善村民闲暇生活的活动空间,努力通过公共活动空间的建设吸引更多的村民积极参与有关活动,养成一种有益于健康与文明的娱乐习惯,来促进农村的文化与科技的发展。

(a) 清原县大苏河乡平岭后村　　　(b) 东港市(县)北井子镇徐坨村　　(c) 东港市(县)黑沟镇柳河
运动广场　　　　　　　　　　　　村民活动中心　　　　　　　　　村村民活动中心

图 7-29　村庄休闲场所

7.5.3　休闲娱乐环境的演变态势

随着社会的综合发展,城乡差别的不断缩小,未来乡村娱乐场所的发展会有以下发展特点。

(1) 乡村娱乐类型城镇化

随着社会的快速发展,信息交流的频繁和无界化,城乡差别在多领域不断缩小,尤其是文体娱乐方面的差异会逐渐减小,城镇丰富的娱乐类型逐渐延伸到乡村。

(2) 乡村娱乐服务广域化

随着道路交通的快速建设,空间距离逐渐被人们所忽视,同时更畅通的信息渠道给人们提供了更多可能的平台,会导致娱乐场所服务的乡村村民来自"十里八村",而不是局限于本村、本屯。

（3）乡村娱乐种类多元化

乡村人群密度较低，生产、生活规律不尽相同；加上由于东北乡村生产、生活受季节因素影响较大，因此娱乐场地的多元化是其发展的必然趋势，诸如生产生活的功能转换、白天和傍晚的功能转化等。

（4）乡村娱乐设施专业化

随着乡村经济的不断发展、电子产品迭代速度的加快和城乡差异的逐步缩小，乡村村民对娱乐设施、场地的要求越来越趋向专业化，这是未来乡村娱乐场所装修和设备更新的一个发展趋势。

第 8 章　东北乡村的生态环境

20 世纪以前,东北地区生态环境相对全国来说一度处于领先水平,但由于最近几年在资源环境上的过度开发,东北地区出现了资源环境消耗过多和生态环境逐渐恶化的问题,资源环境承载能力受到严峻考验。

8.1　区域生态环境

8.1.1　共同特征

从 2003 年开始实行东北振兴战略起,为了提高东北地区的生态环境质量,国家对生态建设和环境保护施行了重点的工程建设,生态环境建设成为学术界探讨东北振兴的重要内容之一。2003—2004 年,东北地区投资力度加大,经济发展速度明显加快,但由于长期以来的历史累积,生态环境问题依然较多且较为严重,资源环境承载能力受到严峻考验。2004—2006 年,随着东北振兴战略实施前生态环境恢复效果显现,东北地区生态环境得分达到最高值,生态环境质量好转明显。2006—2008 年,东北振兴战略实施以来,工业产业得以恢复,工业污染排放各项指标均上升,生态环境综合得分降低,环境污染加重。2008 年以来,东北地区生态环境持续改善,生态环境综合得分显著提升。

东北地区生态环境演变的省际差异显著。生态环境压力方面,无论是工业"三废"排放总量,还是人均能源消耗量,辽宁省均居东北地区首位,生态环境压力最大;生态环境状态方面,黑龙江省人均耕地面积、粮食产量、森林覆盖率以及自然保护区面积均处于东北地区首位,生态环境状态最优;生态环境响应方面,虽然东北地区生态环境治理投入水平整体偏低,但辽宁省生态环境治理投入高于吉林、黑龙江两省。

8.1.2　地域差异性

1) 辽宁省生态环境特征

　　辽宁省位于我国东北地区南部,南临黄海、渤海,东与朝鲜一江之隔,与日本、韩国隔海相望,是东北地区唯一既沿海又沿边的省份。全省地势北高南低、山地丘陵分列于东西部,中部为东北向西南缓倾的带形平原。位于欧亚大陆的东岸,气候类型为暖温带和温带大陆性季风气候,日照资源充足,全年温度比较适中,雨热同期,春季和秋季较短,冬季则较为寒凉,降雨量分布不均匀,东湿西干。辽宁省内各个地区分散的河流水系非常多,流域面积达 5 000 平方千米以上的河流共有 16 条。主要的河流有辽河、鸭绿江和浑河,除此之外还有太子河、大凌河以及大洋河等,大多数河流从东部、西部和北部向中南部汇聚而来,最终流入海洋。全省范围内的植被茂盛繁密各种生物资源多样且丰硕。位于东部低山丘陵区的森林的覆盖率较高;位于中部平原区域和沿海低地区域的植被类型主要为农业植被;而位于西部丘陵低山区的植被类型则主要是林地和农业植被。

　　辽宁省的陆地面积大约为 4 400 万平方千米,在这之中山地丘陵的面积大约为 10 万平方千米,约占全省土地总量的近 70%。乡村天然草地面积约为 300 万公顷,其中牧业专用面积约为 200 万平方千米,东部的山区占三分之一,位于西部的低山丘陵区约占 46.3%,而位于中部的平原区较小,大约占了 20%,辽东半岛的面积比平原区更小,只占 8% 左右。全省共计 10 017 个行政村,其中平原型村庄占

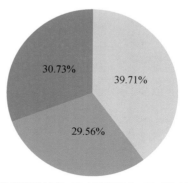

图 8-1　辽宁省村庄地形分类结构
资料来源:住建部相关统计数据。

39.71%,山区型村庄占 29.56%,丘陵型村庄占 30.73%(图 8-1)。

　　辽宁省森林资源较为匮乏,其森林资源分布的地域多集中在本溪市和丹东市等县市。全省森林面积达到 342.27 万公顷,人均只有 0.087 公顷。林种和树种结构不合理,薪炭林、涵养林资源少、比重小、质量低。树木的品种和其分布的

空间位置不均,主要集中在东部的丹东、本溪、抚顺 3 市,占全省乡村森林资源的 65.5%。

近年来,因草地沙化严重,草地面积在逐年减少,在阜新、康平、彰武、昌图、法库、新民等地区都出现了草地面积逐步减少的现象。草地沙化会直接引发生态失衡、恶性循环和生产力下降等诸多问题,危害其草地牧业的发展和生存。

耕地沙化的问题在乡村很严重,沙化面积达 28 万公顷占耕地总面积的 8.3%。由于土地利用的强度太大和施肥量过大等原因,乡村耕地质量较之前下降,而且普遍缺氮。全省中低产田的数量变多,15%低产田由原来的中产田转变而来,5%~10%的中产田原本是高产田。

辽宁省虽然在 34.7%湿地上展开了最后的抢救保护工作并建立了自然保护区,但仍然存在着保护区管护不力、建设滞后等诸多问题。保护区仍存在许多开发活动,特别是以商业性质为主的开发活动,这就使得建设保护区成为一句空话。许多植物、鱼虾、鸟类等由于污染无法在湿地生存。

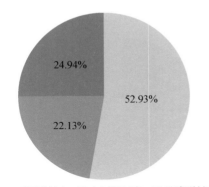

■ 平原型村庄 ■ 山区型村庄 ■ 丘陵型村庄

图 8-2 吉林省村庄地形分类结构
资料来源:住建部相关统计数据。

2)吉林省生态环境特征

吉林省地势高度由东南向西北递降,东西长白山和松辽平原区以大黑山为界分成两块不同地貌单元。东部长白山区的地貌类型为长白高山、山区和丘陵区,它们的总面积占了全省总面积的五分之三。西部松辽平原的地貌类型主要为中部的台地平原区以及西部的冲积平原区,其总面积较大,大约为全省总面积的五分之二。而且吉林省拥有的地貌类型主要为山地、丘陵和台地以及平原。吉林省的行政村个数约为 8 250,其中平原型村庄约占 52.93%,丘陵型村庄约占 22.13%,山区约占 24.94%(图 8-2)。

吉林省的气候为典型温带大陆性季风气候。春季时天气较为干燥,降雨量较少,多风;夏季降雨量较多,温度相对适中;秋季天气晴冷干燥,早晚温差较大;冬季漫长,不仅寒冷且干燥。各地区年降水量大于 400 毫米,小于 1 300 毫米;极端最高气温大于 34 ℃,小于 38 ℃;极端最低气温大于 - 36.5 ℃,小于 - 45 ℃。水资源总量为 398.83 亿立方米,东部主要是地表水,而西部则为地下水,东部的水资源相较于西部更为丰富。

吉林省的土地资源丰富,主要以林地和耕地为主。林地的分布区域较为集中,分布在东部的长白山区地带;耕地则分布在松嫩平原的中西部地区。林地面积最大,约占 44%,耕地相对面积较小,约占三分之一,而牧草地面积最少,大约占近 7%,建设用地及其他用地占比共 21.04%。植物种类十分丰富,植被区域以大黑山为界,以东的广大山地丘陵为温带针阔叶混交林区域,以西的松嫩平原与台地为森林草原和草原区域。

西部为低平原生态区,地形平缓,地带性土壤为黑钙土地,省内的低平原生态区内多旺盛水系,沼泽、湿地和湖泊资源丰富;西部地区为全省主要草地资源和牧业区,是省内重要粮食产区、能源基地和淡水鱼产地。由于区域内土地出现了湿地面积萎缩和草地退化的现象,更有甚者出现了盐渍化、风侵和碱化的现象,这使区域内生态环境变差,减少了生物的多样性,洪涝灾害频繁和短缺的水资源问题更加严重。

中部台地生态区与河谷平原相隔,地势波状起伏。中部台地生态区属于温带湿润森林草原气候,降水和高温季节同步,降水量年平均在 500～600 毫米。区内森林草甸草原上分布着地带性天然植被;生态区内有着世界上数量不多的黑土地土壤,具有结构好、肥力高等特点。台地生态区是吉林省城市集中分布的区域,人口数量较大。生态问题、水环境问题在此格外突出:一方面因为其水质和土地面源受到污染,土地的肥力大不如从前,而且由于水土流失,不仅加速了水蚀现象的发生,还加重了风蚀现象;另一方面由于城市扩张,使得土地资源更加紧张、生态问题愈加严重。

东部长白山地生态区不仅作为省内的中草药和林产品的生产基地,其生物资源极为丰富,林地面积和森林覆盖率也较高,其中生态区域林地面积占全省总面积的 78.47%。该生态区作为江河区的源头,重要性体现在对图们江、鸭绿江、松花江、牡丹江四江的涵养功能上。由于生态区内经济和产业的发展需要,吉林省的资源开发使大量的原始森林受到了破坏,长白山生态区的森林功能在逐年衰退。生态区内水电发达,库坝将河流分割严重,造成水生生物多样性丧失等严重后果。

吉林省总体生态环境特点比较显著。长白山区的生态屏障区是保障吉林省生态安全的根本。中部地区生态承载力高,适宜发展农业和工业;生态环境较脆弱的区域为西部地区,因为其特殊的资源优势更适合发展特色产业。保护好东部的生态屏障区域,发挥中部资源的优势,对西部资源合理利用是吉林省实现可持续发展和协调区域间发展的根本和关键。

3) 黑龙江省生态环境特征

黑龙江省主要由平原、山地和丘陵三种村庄地形类型构成。山地地形有大兴安岭和小兴安岭山地,分别位于黑龙江省西北部和北部;丘陵地形的张广才岭、老爷岭和完达山脉则分布在黑龙江东南部;平原地形中的东北平原主要由黑龙江西部的松嫩平原和东北部的三江平原组成。

黑龙江省的气候属于温带大陆性季风气候。四季分明,具有春季雨少风多、易干旱,夏季雨热同期,秋季易骤然降温和冬季气温低、时间长的特点。该地区的年平均降水量在 390～600 毫米,气温年平均为 - 6 ℃～ - 5 ℃。

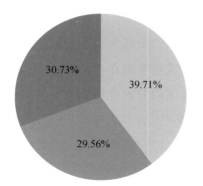

平原型村庄   山区型村庄   丘陵型村庄
图 8-3 黑龙江省村庄地形分类结构
资料来源:住建部相关统计数据。

黑龙江省的地势特点为东北、西南部低,东南、北、西北部高。"一水、一草、三分田、五山"为黑龙江省乡村的地势地貌特征。黑龙江由 8 463 个行政村组成,其中平原型村庄约占 39.71%,丘陵型村庄约占 30.73%,山区型村庄约占 29.56%(图 8-3)。

黑龙江省耕地为世界上著名的三大黑土带之一,乡村耕地有 1 183.80 万公顷,以黑土、草甸土和黑钙土分布居多,占黑龙

江省乡村耕地总量的 60%以上。

黑龙江省有着 45.20%的森林覆盖率,其中森林蓄积量和木材总产量在全国处于领先地位。黑龙江草原是温带草原,羊草甸草原是黑龙江省的代表性温带草原,主要分布在松嫩平原西部。全省国土的 9.18%为天然湿地,面积为 434 万公顷。另外有四块国际重要湿地分别位于扎龙、洪河、兴凯湖和三江。省内水资

源十分充足,有五大水系分布:绥芬河、黑龙江、松花江、乌苏里江和嫩江。省内
有 640 个大小湖泊和 630 座水库,水域面积在 80 万公顷以上。

8.2　乡村的生态类型

8.2.1　乡村的土壤生态

乡村的耕地生态安全是乡村土壤生态的重要内容,耕地是农业生产力的基础,对其进行生态保护有利于保障的国家粮食安全,实现和谐的人地关系,对实现土地资源、区域社会经济的健康发展具有重要的意义。

东北地区土壤肥沃,黑土、黑钙土主要分布在松嫩平原;黑钙土分布偏西,黑土分布偏东。东北地区黑土有机质含量高,土壤肥沃,土壤生产力较高。主要分布在黑龙江省,北至黑龙江右岸,西面与东北区盐渍土、黑钙土接壤,东至小兴安岭地区、长白山地区及三江平原地区,南以辽宁昌图为界。

东北地区作为我国的粮食主要生产地之一,在我国的粮食安全生产有着举足轻重的作用。当前,由于人口的增长,人们对粮食的需求越来越大。然而由于东北黑土长时间过度的开发利用和不合理的农业举措等原因造成了土壤退化,不仅土壤侵蚀、酸化、肥力下降,还使得可耕作土层变薄,严重威胁黑土区农业可持续发展。

耕地土壤的污染主要来源于化肥的使用,还有塑料薄膜、塑料袋等难降解的白色垃圾等,同时矿产开采污染了周边的土壤。东北地区的土壤污染所呈现的环境污染特征是多源、数量较大,而且面积广、持久性强并且带有毒性。东北地区的黑土区域主要分布在松嫩平原、三江平原等地,其中三江平原的鸡西、双鸭山、佳木斯等地区土壤重金属含量偏高,松嫩平原只有个别区域处于较高水平。

在使用地膜方面,地膜对农用地产生了严重污染。主要原因是农民长期使用地膜但是未及时清理,从而对土壤产生了不利的影响。除了农药和化肥的污染,农村养殖专业户变得越来越多,但是这些“专业户”并不专业,使农村的环境污染问题更严重了。他们处理废弃物的能力明显不够,畜禽场产生的废液污水和固体粪没有进行无害化处理就随意露天堆放和排放,其气味和横

流的污水都在生活和生产方面对农民产生了严重影响(图8-4,图8-5)。

图 8-4　东北地区某村农用地地膜　　　　　图 8-5　东北地区某村庭院养殖污染

8.2.2　乡村的空气生态

　　东北地区季风性气候特征显著,冬夏风向更替明显,且大部分地势平坦,乡村空气生态环境较好,当前的空气质量污染主要源于乡村工业污染与秸秆焚烧两个方面。

　　当前东北乡村工业以资源型为主,工业未经过合理布局,农村中的乡镇企业发展使得乡村的工业污染问题日益显著。东北地区绝大多数乡镇企业以当地资源为依托,大都存在生产方式粗放、布局混乱、工艺陈旧、设备简陋、技术落后、能源消耗高、没有污染防治设施等问题,成为乡村地区的最大污染源。矿产资源为主的工业型乡村,采矿、矿产品加工产生的大量粉尘也是乡村污染的主要来源,如:辽宁省朝阳县王营子乡大西沟村的粉尘污染严重。

图 8-6　东北地区某村秸秆焚烧污染

　　秸秆也是造成东北农村空气污染的主要来源之一,秸秆燃烧之后会产生大量颗粒物和有害的化学物质,如一氧化碳、二氧化碳等,如果扩散不利的话,会污染大气环境。焚烧产生的有害气体对人身体具有危害,目前东北三省已经分别对秋冬季节的秸秆焚烧做出了管控要求(图8-6)。

8.2.3　乡村的生物生态

　　东北地区的森林资源主要集中在大兴安岭、小兴安岭和长白山地区,是东北森林资源最集中分布的区域。用材树种最多的是针叶林和阔叶树,针叶林不仅包括落叶松、长白落叶松和红松,还有樟子松、沙松、云杉以及冷杉等;阔叶树不仅包括桦树和杨树,还有水曲柳、黄菠萝、胡桃楸、椴树以及柞树等。东北乡村地区地域辽阔,草地类型繁多,草地植物约有 87 科、893 种,其中菊科、禾本科、豆科等多年生草本和一年生草本约占 92％,具有温带天然草地的典型特征,植物生长繁茂,但是由于近年过度开发,以及风沙、干旱等原因,大面积草地退化,土地盐碱化现象呈现。

　　我国的天然林主要分布在国有林区,天然林是许多野生动植物栖息的地方,如东北虎等珍稀保护动物,林下山野菜、松子、中药材等。丰富的非木质林产品带动地方多种经营,促进了当地经济发展,同时为实施天然林保护工程后解决富余职工的就业起到积极作用。

8.2.4　乡村的水生态

　　东北绝大部分地区为典型的温带大陆性季风气候,辽东南局部地区属暖温带气候。水资源较为丰富,有黑龙江、嫩江、松花江、乌苏里江、绥芬河、辽河水系、鸭绿江水系、图们江水系、浑河、太子河、大凌河和大洋河等地表水。丰富的水源滋养着东北大地。

　　目前东北地区的乡村对自然资源利用多、培育少,即便兴建了水利设施,也不能从根本上摆脱自然灾害的威胁。随着生产的发展,农民对化肥农药的不合理使用,加之畜牧养殖业没对废水、乡村工业废气和废渣采取恰当的处理方式,造成了乡村面源污染,且致使乡村地区水体污染非常严重。

　　近年来东北地区由于生产的迅猛发展,村镇建设的量大面广,许多地区的乡镇工业没有统一的布局,经济能力和技术力量的薄弱导致企业无力处理三废。主要河流都有不同程度的污染问题,如松花江流域和辽河流域,由于周边工业污染的管控乏力,城市污水的处理不够,使得水质下降严重,流域周边的许多农田、村庄的地下水以及地表水也受到影响。

东北地区服务行业发展有限,所以非农业型村庄的污染主要以加工生产的废弃物排放为主,由于水体有机污染和富氧化,产生的恶臭不仅对大气产生了污染,而且地下水也因富营养化受到了污染,大量的工业生产污水和废水排入居民区域周边的水体,大面积的水域受到污染(图8-7)。

图 8-7   东北地区某村工业排污污染河流

8.2.5   乡村的景观生态

近年来国家大力发展"美丽乡村""宜居乡村""特色乡镇"的建设,东北乡村景观生态环境有较大提升,对农村垃圾、污水、畜禽粪便等污染进行治理,改造危房、排水、道路等设施,提升绿化、亮化、美化等水平。目前,基本每个村都有一个活动广场,一条景观道路,乡村整体环境得到改善。

但是东北地区由于长期的生活生产习惯,以及乡村建设基础条件较差,乡村景观整体质量不高。乡村家庭院落内养殖家禽家畜是普遍现象,这些家禽多为自家食用,但是从环境角度讲,家禽粪便随意排泄,会对乡村的空间环境和街道院落卫生造成污染。难闻的气味等会降低村民生活舒适度,成为影响乡村人居环境的污染问题之一。另外,生活垃圾在沟渠、村头路旁垃圾收集点周边随意乱倒堆积,成为新的污染源(图8-8)。

图 8-8   东北地区某村生活垃圾污染

8.3 村落生态空间的类型

在乡村范围内容纳了各类对生态环境的基本特点及其完整性都具备关键作用的自然要素空间实体,同时拥有着重大的生态环境意义,根据地理条件和自然资源的差异,将村落分为生态友好型村落、生态敏感型村落和生态脆弱型村落。生态友好型村落特点为水源涵养、水土保持、物质生态、生物多样性维持、环境卫生较好,例如辽宁省的丹东、本溪、大连、抚顺的村落环境比较优越;生态敏感型村落指的是村落环境较好,有轻度破坏,生态功能不完整,农产品种类单一且分布不均衡,草地、耕地、水资源状况较好,村内卫生有轻度污染;生态脆弱型村落特点为耕地沙化、退化、盐碱化严重,草地面积呈减少趋势,生态环境遭到破坏,村内环境较差,自然资源较少,土壤肥力差,农业生产水平低,空气质量较差,水环境条件较差。

8.3.1 生态友好型村落

生态友好型村落为乡村居民点与其周边自然环境和谐共处,实现人居环境与自然环境协调发展的村落,生态友好型村落典型代表丹东东港市(县)北井子镇北井子村,村内房屋错落整齐,路旁都栽满了树,村中有景,处处有花,整个村庄被绿树、花草所环抱(图 8-9)。葫芦岛拥有"渤海明珠"称号,山清水秀,空气清新,有山有水,是一座具有 2 200 年历史的文化名城、中国优秀旅游城市、中国温泉之城,集城、泉、山、海岛于一体。葫芦岛兴城市(县)元台子乡五家子村的村庄生态条件优越,农民支柱产业雄厚(图 8-10)。

图 8-9 北井子镇北井子村村貌

图 8-10　元台子乡五家子村村貌

8.3.2　生态敏感型村落

生态敏感地区指的是"对区域总体生态环境起决定性作用的大型生态要素和生态实体"（如山体、水库、自然保护区等），生态敏感型村落主要为分布在生态敏感区周边。其典型代表如抚顺市新宾县上夹河镇，该镇位于大伙房水库上游，靠近主要河流苏子河，属于山地丘陵地区，自然条件良好。近年来政府对大伙房水库周边的管控力度逐渐加强，村庄在发展中通过生态旅游实现水源地经济发展，充分发挥地域文化优势，实现区域内人文与自然的和谐交融。

8.3.3　生态脆弱型村落

生态脆弱区往往处于不同生态系统间的交界或重叠区，生态环境很容易受到外界干扰，进而发生土地退化和环境恶化，其自我修复的可能性较低，即使能够自然恢复也需要较长的时间。

生态脆弱型村落典型代表如朝阳市朝阳县瓦房子镇局子沟村，该村处于丘陵地区，小源河的发源地，属于欠发达地区远郊村，属于干旱、半干旱大陆季风气候。境内虽然山地较多但无可开发利用的矿产资源，农业以大田玉米种植为主，居民生活条件一般，生活生产条件较差（图 8-11）。

8.4　乡村生态功能面临的挑战

经过近百年过度开发，东北地区生态环境问题较为严重。但东北地区的生

图 8-11　瓦房子镇局子沟村村貌

态环境可恢复性与国内其他生态环境严重破坏的地区相比仍然比较强。

　　东北地区是老工业基地,在原有的老工业基地的生态保障和环境修复基础上,若要实现资源环境的可持续发展,应把握其生态环境建设的突出重点与未来的发展变化。在改善和保护东北地区的耕地质量和数量方面,应维护好粮食安全、生态红线和耕地保护的关系,遵循"三位一体"的保护原则,从而实现耕地资源永久持续利用。

　　对已经退化的土地应采取生态修复或生态重建措施,对较易开展生态恢复的区域,进行生态恢复;对已经失去自身生态恢复可能性的区域,实施人工干预修复措施;对没有必要耗费人力物力进行生态恢复的区域,进行生态重建。

　　保护农村水环境的重点是水质保护,因此要爱护水体、科学治水,要注意节约用水,对水资源的配置要恰当;应控制化学农药使用量和化肥施用量、推广各种新型高效农药的使用、实行绿肥养地轮作休耕制度、推广使用有机肥;以河道整治效果明显者为楷模,结合新农村试点村建设的标准,大力推动河道治理工作;修筑河岸护坡,并结合原生态的方式,为现代新农村添加生态、自然和干净的水景观。

　　东北乡村生态环境当前面临污染较重和生态系统衰退的紧要关头。因此应该让村民自觉尊重且顺应自然,同时注意爱护自然。优化乡村发展空间格局,不仅要增强东北农村的自然生态和环境的保护力度,也应增强生态文明的建设,让乡村走可持续发展道路。

第 9 章　东北乡村的文化环境

文化是相对于经济、政治而言的人类全部精神活动及其产品,一般包括人类的历史、风土人情、传统习俗、生活方式、宗教信仰、文学艺术、思维方式、价值观念等。

9.1　东北特色的乡村文化

东北气候寒冷,土地辽阔,形成了独具特色的地域文化。东北地区曾经历无数战争和巨大变革。同时历史上几次比较大的人口迁移导致东北地区人群文化基因差异较大。整体来讲,东北人的脾气秉性十分鲜明,虽然看起来强横,但内心坚毅,性格豪放,容易交朋友,但又比较随意、粗心。东北地区有汉族、满族、朝鲜族、赫哲族、俄罗斯族、蒙古族等多民族。汉族人口最多,分布较为均匀;满族以在辽宁省居住最多,部分散居在吉林、黑龙江等地区;朝鲜族在东北地区分布较广,在吉林省延吉朝鲜族自治州呈聚居状态;赫哲族主要分布在黑龙江省同江市,少数散居在饶河县、依兰县、依安县的村镇;俄罗斯族主要分布在黑龙江省;蒙古族均匀分布在东北三省;回族在东北三省都有聚居地。

东北地区独特的气候条件导致其文化与其他地区差异显著,地区内气候寒冷,特别是黑龙江地区,最北部气温可以达到零下 50 ℃。冬季抵御寒冷是非常必要的,通常乡村村民采用烧火炕的方式取暖,同时还要穿上厚厚的棉衣、棉裤。冬季,透过玻璃窗的窗花看房间里红彤彤的火炉,是东北地区特有的温馨场景。冬季是孩子最开心的季节,堆雪人、打雪仗、滑雪橇等都是他们的游乐项目。

9.2　乡村日常生活文化

9.2.1　饮食文化

东北地处北纬 42°～53.34°,冬季时间较长,这造就了其独特的饮食文化。

同时,东北地区是多民族组成的地区,各个民族不同的饮食文化能够互相交融。满族人喜欢吃黏食、甜品。而回族则充分地弘扬了中国的清真饮食文化,在回族的日常饮食之中,主食主要为面食,牛肉和羊肉是他们食用最多的肉类。在锡伯族日常生活里,以面食为主,几乎每天都要吃饼,知名的是锡伯大饼,此外,全羊席堪称锡伯族的饮食文化代表。朝鲜族特色主食主要是冷面和打糕,小菜种类繁多,包括腌制泡菜和拌菜等。

　　总体来讲,东北菜可以被烹饪出一菜多味的效果,品尝起来咸味和甜味明显,不仅酥脆而且色彩鲜艳、味道浓郁。烹饪方式多样,不仅有扒、炸和烧,还有蒸和炖等。最能够体现东北饮食文化的是日常耳熟能详的小鸡炖蘑菇、白肉血肠、猪肉炖粉条和锅包肉等,典型的做法是炖、酱和烤。东北菜虽然形式粗糙,色彩浓重,但味道浓厚。这样的东北菜,不禁使人食欲大增。若是以味道浓郁的酱脊骨、酱猪蹄和酱鸡爪等特色下酒菜,再配上东北特质的高粱酒,更有几分暖意在身体中升腾。东北地区气候寒冷,以致人们吃地产新鲜蔬菜的时间只有半年左右,因此人们会在夏季购买大量蔬菜,晒干,入秋后还要囤大白菜、萝卜和土豆等,以备在漫长的冬季食用。此外,乡村家家户户还要腌制大量酸菜、各式各样的咸菜。冷冻食品也深受东北人的喜爱。冬季,人们将肉类、水果、干粮等深埋雪下,这样既可以长时间的储存食品,还能灭菌防腐。因此,严冬为东北提供了得天独厚的大冷库(图9-1,图9-2)。这些生活方式延续至今。

　　随着时代的进步,农业技术的发展日新月异,温室大棚技术不仅让人们在冬天能够吃到多种新鲜蔬菜,而且让村民从反季蔬菜的种植中获得了经济利益。高科技太阳能发热板,大大降低秸秆的使用,保护了生态环境。乡村很多新建房屋,经过设计已将厕所改入室内,方便了生活。

图9-1　腊八蒜、杀猪菜、腊八粥

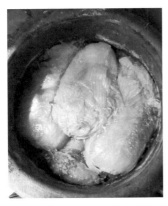

图9-2 缸腌酸菜、冻梨、晾晒干豇豆

9.2.2 居住文化

东北地区乡村村民的居住文化是经过自然环境变化的影响,与多民族相互学习借鉴而形成。

1) 乡村住房建筑空间形制

生活在东北地区的先民居住习俗与众不同。以世代生活在这里的满族人为例,清初满族房屋较为简陋,随着满族入关和经济的发展,住宅结构不断更新。平民住房结构特征为"四合院、口袋房、万字坑",此类结构主要是为了抵御东北地区的寒冷气候。通常坐北朝南,成四方形,东西各一厢房的住宅,俗称四合院。室内有火炕,炕上一般铺设芦苇,火炕可以取暖,深受东北人喜爱。久烧之炕,风道中有煤灰,故炕应一岁一掏。东北烟囱建造也独具特色,一般用土坯或砖砌成,远望如炮台。

2) 居住禁忌

东北乡村村民居住看重风水,从选址到空间布局,再到材料选取等均有讲究。

东北地区住宅布局一般讲究顺势,忌逆势。冬季寒冷,常刮西北风,为避风向阳,房舍的建造都是坐北朝南。由于满族人的风俗习惯是西边为大,即"宅不西益",因此住宅禁忌向西方扩充。临近水源是为吉象,靠近山体象征着富有,所以在建造房屋时也要先建西厢房,之后建东厢房。上屋也就是人们所说的正房,正房是以西边为大,而且正房里的西炕是用来祭奠敬拜的,西墙的作用是敬奉先人,忌讳在西墙之上悬挂衣服、物品和贴年画。西炕俗称为"佛爷炕"供奉有"祖宗板子",绝对不能放东西和杂物,也不能坐在上面,尤其忌讳女人坐在上面。通常宾客不允许在西炕休息和睡觉,同样不允许把狗皮帽子或鞭子放在上面,不然就是不尊重这家祖先。

3)邻里关系

东北人骨子里热情好客,邻里关系和睦,一家有事,全村帮忙。东北乡村对人情世故比较看重,逢年过节回家,家家户户都准备丰盛的饭菜,有时还会互相赠送。

当今,社会生态文明建设已成为社会问题的焦点,乡村发展在保留传统习俗的基础上更要保护生态环境,运用现代科技手段利用清洁能源,节约能源。传统生活习俗将成为一种文化,未来的乡村生活将更舒适、更干净、更环保。

9.3　乡村节庆民俗文化

9.3.1　传统节庆

在东北地区,每个民族都有自己的特色节日。满族,填仓节意在祈祷丰收;虫王节晾晒衣物、图书,防止虫咬;还有马王节、颁金节等独具特色的节日。朝鲜族,回甲节、回婚节,分别是庆祝 60 大寿和结婚 60 周年的节日。蒙古族,最具特色的传统盛会——那达慕大会,每年七八月间举行,庆祝丰收,活动形式多种多样,如赛马、射箭、棋艺等。

东北地区最重视的属春节,春节的习俗也颇多。过年的习俗如老话所说"二十三送灶王,二十四扫房子,二十五冻豆腐,二十六去买肉,二十七宰公鸡,二十八把面发,二十九蒸馒头,三十晚上熬一宿,初一、初二满街走"(图 9-3)。春节要穿新衣、踩小人,即大年初一要穿新衣,还要穿踩小人的新袜子,暗示新的一年红红火火,把碍事的小人踩在脚底下。春节要贴春联、倒贴"福",目的为了驱鬼避邪,"福倒了"取"福到了"的谐音,反复吟诵给新年增加好兆头(图 9-4)。大年初

一、初二不扫地,不将好运气、财气扫走,等到初三才可以扫地。正月初五"破五"吃饺子,又称"捏破",就是把坏事都包起来,承载了人们期盼吉利、幸福的寓意。扭秧歌是东北的又一习俗,以拜年贺喜为主,一是图喜庆,二是讲面子。

图 9-3   赶年集   图 9-4   贴春联、福字

9.3.2   婚俗

辽宁、吉林、黑龙江三省婚俗有所不同。在辽宁地区,大部分乡村男女的相识仍然是由媒人"做媒"。媒人安排两家家长"相门面",即去对方家里看看家庭情况和未来的姑爷、儿媳,然后媒人和长辈回避,年轻男女要"对象对看",单独相处、聊天、了解性格等是否合适。确定合适后择吉日"大相"或者"小相",即进行较大规模或者较小规模的定亲仪式。定亲之后,"择日子""选时辰"操办婚礼,男方由亲戚组成娶亲队去新娘家娶亲,女方由亲属"送亲"至男方家,新娘要带上象征与自己父母的血肉联系的"离娘肉",搂着象征以后有福气的斧子到男方家里相堂。上拜父母及长辈亲友时必须装烟,长辈接过烟并给装烟钱,表示接受这个儿媳。然后,新娘在婆家还要吃子孙饺子、宽心面,象征子孙满堂、日子宽心。各种仪式完毕,即结为夫妻。婚礼后第三天,小两口要去"回门",回新娘父母家感谢他们将女儿嫁给男方。

在吉林乡村,男女双方到合适的年龄后,先由媒人代表男方向女方家求婚,女方家向媒人了解男方的姓名、年龄和家庭状况,这个过程称为"问门户"。如果双方都比较满意,想进一步接触,媒人需要再次来到女方家代表男方向女方表达求婚的愿望,征得女方家的同意后,便带着男方的家属来到女方家相看。男方如果对这家姑娘的各方面条件都满意,便留下簪珥做定礼,这个过程被称为"小定"。男方求婚后,女方接受男方的"定礼",即为同意结婚。然后,选择吉日到男方家里回赠礼物,这个过程称为"返礼"。

黑龙江、乌苏里江和松花江沿岸居住着大量的赫哲族。赫哲族实行的是氏族外婚制,婚姻也多为父母包办。

9.3.3　丧俗

长期以来东北地区形成了一套丧俗流程。东北乡村地区的丧葬习俗整体上差异不大,大多由村里德高望重的老人主持。病者临危时,家人日夜守候,临终前听其嘱托,待病者咽下最后一口气,守在身边的家人为之"送终"。之后要在自家院落搭建灵棚,挂上椁头纸,同时奏哀乐,鸣放鞭炮,以示邻里。

近年来,乡村地区的丧葬习俗有所精简,但是"停尸三天"方可"出殡",亲人要"戴孝",出殡时亲朋好友胸前佩戴白花,出殡后晚辈要在手臂佩戴黑色袖箍满一年。高寿称为"喜丧",在 10 cm 宽的黑色袖箍上挂一个细小红布条以显示故人年事已高。逝者出殡前亲属要守灵、哭丧盆、烧纸、吊丧,以表不舍之情。逝者下葬后,亲人要定期圆坟,一般葬后三天圆头坟,满百天后再圆一次坟。

从逝者去世之日起算,第一年要"烧一周年",第三年要"烧三周年",第五年要"烧五周年",而第十年则要"烧十周年"。在"烧周年"时,远道的亲属也需赶来参加,以悼念逝者。

9.3.4　节庆民俗出现的问题

随着经济的不断发展,传统的邻里、亲友间的亲密交往已部分演变成陋习,如结婚、升学、祝寿等各种活动人情随礼钱已经成为东北乡村家庭生活的负担;日常的休闲打牌等活动部分演变成赌博,冬季漫长,许多人无所事事沉迷赌博,影响恶劣;婚丧嫁娶则盲目攀比、讲排场。这些乡村陋习不仅影响了家庭的正常生活,也不利于社会的安定。由此可见当前乡村精神文明建设工作亟待加强。要转变农民的生活方式和价值观,应与时俱进,努力培育文明向上的社会风尚。由政府主导、村委会组织,引导传统民俗向正确的方向发展,同时积极组织农民在农闲时参加技术培训，对接用人单位农闲时组织青壮年进城务工等活动，以营造积极、和谐的乡村文化氛围。

9.4　乡村宗教信仰

东北乡村宗教种类丰富、分布广泛，祭祀仪典庄严隆重。萨满教的传统祭祖是全体氏族或部落成员参与祷告人畜平安、农牧丰收的仪典。大多于春季举行，众人携牛羊、兽肉、粮食和酒前往，参加连续数日的聚会。基督教人们最经常举行的礼仪活动是礼拜，由牧师主领，通常是在每星期日举行。除此以外，基督教还有较为特别的礼拜活动，比如为死者举办的追思礼拜，以及某个特定节日之时也会举办节日礼拜活动，而且有的教会不仅有其固定化的礼拜程式，还有固定的祷文。

9.4.1　萨满教

东北的满族、蒙古族、赫哲族、锡伯族等都信仰萨满教。萨满教产生于原始社会的后期，由于生产力水平低下，科技不发达，很多自然现象无法得到科学合理的解释，所以人类就将其理解为神，如认为旱灾、水灾等都是由神主导控制的，控制下雨的是龙王，控制下冰雹的是雹神等。为了能够更好地与神沟通，人们建造庙宇供奉神，他们认为萨满法师是人与神沟通的中间人，那些特殊的节日是人与神沟通的时间。一切自然界的事物都有可能成为供奉的对象，萨满教的核心内容是自然崇拜、图腾崇拜、祖先崇拜等（图9-5，图9-6）。

图9-5　朝阳县某村雹神庙庙会　　　　　图9-6　抚顺市永陵镇某村神树

9.4.2　佛教、道教

东北地区多数为汉族人，汉族信奉佛教、道教的人数较多，这类宗教在东北乡村地区分布较为分散。乡村地区观音庙宇相对较多，多供奉观音。乡村村民相信观音主管民间疾苦，可以通过观音庙祈福保平安。而部分满族地区受努尔哈赤的影响，也信奉地藏菩萨，供奉地藏庙（图 9-7，图 9-8）。

图 9-7　兴城市(县)某村观音庙中观音塑像　　图 9-8　抚顺市永陵镇某村地藏庙

9.4.3　基督教、天主教

信仰天主教和基督教在朝鲜族民众中较多。以延边地区为例，基督教徒的数量大约为 3.7 万人（包括朝鲜族约有 1.8 万人），宗教活动场地总共 256 处，包括天主教堂 15 座，活动场所 5 个；基督教堂共有 86 座，而活动场所有 111 处。

9.5　乡村文化遗产分析

9.5.1　物质文化遗产

物质文化遗产，即传统意义上有形的遗产，包括历史文物、历史建筑、人类文化遗址等。东北地区省级以上文化遗产较多,其中,辽宁省有 138 处、吉林省有 350 处、黑龙江省有 144 处。辽宁省物质文化遗产主要分布在西南部朝阳市、葫芦岛市、大连市、鞍山市等地区。吉林省物质文化遗产主要分布在中东部,其中物质文化遗产最为丰富的是延边朝鲜族自治州。黑龙江省物质文化遗产主要分布在北部地区,集中在哈尔滨市、牡丹江市和双鸭山市。

9.5.2　非物质文化遗产

东北地区乡村非物质文化遗产主要分为民间文学、民间音乐、民间舞蹈、传统戏剧、曲艺、杂技竞技、民间美术、传统手工技艺、传统医药和民俗。其中,大部分分布在城市地区,极少部分分布在乡村。但是,大多数艺术形式都是从乡村传到城市的。辽宁省民间舞蹈与美术盛行,吉林省民俗、美术、戏剧盛行,黑龙江省特定民俗较为盛行(表 9-1)。

表 9-1　东北地区乡村非物质文化遗产一览表(单位:类)

省份	民间文学	民间音乐	民间舞蹈	民间美术	竞技技术	传统戏剧	传统手工	曲艺	民俗	医药
辽宁	9	8	11	10	5	7	5	5	6	1
吉林	10	8	11	17	9	14	17	7	17	3
黑龙江	8	4	9	9	4	0	6	3	18	1

东北地区乡村非物质文化遗产虽种类丰富,但是缺少活态传承。主要原因有两方面:第一,类似传统戏剧、曲艺等珍贵的民间艺术没有完全融入乡村村民日常生活,乡村村民对传统的戏剧只是看看热闹,没有视其为一种文化;第二,民间故事和民俗等口耳相传的传统文化出现了后继无人的状况,当下年轻人基本都到外地工作,生活方式越来越城市化,对传统文化知之甚少,随着老一代乡村艺人相继去世,民间传统文化记忆也逐渐消亡。根本原因还在于传统文化并未给村民们带来直接的经济效益。应该考虑将传统文化作为一种产业资源,用传统文化产业促进乡村经济发展,直接给村民们带来效益,从而改善他们的生活环境,提高他们的生活水平。乡村传统文化很容易融入乡村旅游产业中,从而带动经济的发展。以东北辽宁地区为例,宽甸满族自治区,特有的民族风范文化气

息,自然会吸引很多中外游客。

　　东北地区乡村非物质文化遗产分布分散,且其种类多、数量大,所以很难统一管理。因此要根据文化遗产不同的特性制定保护条例,同时还要进行划分区域。以辽宁省为例,辽西北地区文化遗产分布较为广密,因此要重点保护。而对于即将失传的文化遗产,要将其作为重点保护对象,创新性地开拓思路,结合市场经济形式对其进行有效的保护和传承。

第 10 章 东北乡村的空间环境

空间环境是人居环境研究的重要组成部分,乡村中的生产、生活和生态环境都分布在特定的空间中。本章分别以县域、村域、村庄为单位对其现状空间组织类型进行归纳,总结出各个空间尺度下的乡村空间特征;东北地区乡村空间占地大,前院、后院普遍存在,住宅空间分散,环境有待改善。

10.1 县域空间环境

10.1.1 县域乡村基本情况

东北地区共有行政村 26 737 个,自然村 124 388 个,其中辽宁省有行政村 10 017 个,占 37.5%;吉林省有行政村 8 257 个,占 30.8%;黑龙江有行政村 8 463 个,占 31.7%。东北地区地域辽阔,不同区域的资源情况、气候环境、经济社会发展情况有着明显的地域性差别,村庄是农村人口生活和生产的聚集性空间,其数量在空间分布上具有较大的差异(表 10-1)。对东北地区村庄个数进行核密度计算(以县域为基本单元,核密度 = 个数/地域面积),分段等级为 0~0.01 个/平方千米、0.01~0.02 个/平方千米、0.02~0.04 个/平方千米、0.04~0.06 个/平方千米、0.06~0.08 个/平方千米、0.08~0.10 个/平方千米、0.1~0.12 个/平方千米、0.12~0.14 个/平方千米、0.14~0.18 个/平方千米,得到村庄密度空间分布图(图 10-1),可总结出以下特征:

表 10-1 东北地区乡村数量统计一览表

地区	行政村(个)	自然村(个)
辽宁省	10 017	53 364
吉林省	8 257	37 785
黑龙江省	8 463	33 239
东北地区	26 737	124 388

资料来源:2015 年全国农村人居环境调查统计数据。

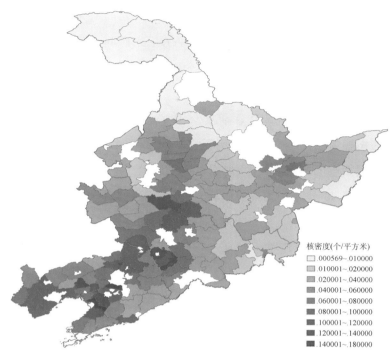

核密度(个/平方米)
☐ .000569~.010000
.010001~.020000
.020001~.040000
.040001~.060000
.060001~.080000
.080001~.100000
.100001~.120000
.120001~.140000
.140001~.180000

图 10-1 东北地区分县自然村密度空间分布示意

（1）村庄密度空间分布从南到北逐渐降低：由于辽宁省大部分地区及吉林省部分地区地形为平原和低山丘陵，其密度相较于黑龙江省来说偏高，辽宁省地形概貌大体是"六山一水三分田"。地势大致为自北向南，自东西两侧向中部倾斜，山地丘陵分列东西两厢，向中部平原下降，呈马蹄形向渤海倾斜。辽东、辽西两侧为平均海拔 800 米和 500 米的山地丘陵；中部为平均海拔 200 米的辽河平原。辽西渤海沿岸为狭长的海滨平原，因此辽宁省村庄密度普遍在 0.04~0.08 个/平方千米区间内，部分地区如灯塔市、大石桥市、调兵山市、北镇市、海城市、盖州市等高于 0.12 个/平方千米。吉林省村庄密度处于 0.04~0.06 个/平方千米区间内，村庄密度最高为 0.104 个/平方千米。黑龙江的地势特点为西北部、北部和东南部高，而东北部和西南部低，由山地和台地以及平原和水面共同组成的。西北部的地貌是大兴安岭山地，其山势走向大致为东北至西南。北部的地貌是小兴安岭山地，其山势走向大致是西北至东南。它们之间通过伊勒呼里山相连。东南部的地貌则是张广才岭、老爷岭和完达山，其山势走向大致是东北至西南，土地面积约占全省总面积的 25％。而海拔高度大于 300 米以上的丘陵地带约占黑龙江省的 36%。东北部的地貌主要为三江平原,西部则为松嫩平原。因此黑龙江省村庄密度普遍处于 0.01～0.04 个/平方千米区间内,部分处于东、西部的村庄密度较高,如青冈县、海伦市、拜泉县、集贤县等地村庄密度高于 0.05 个/平方千米。

(2)村庄密度由中心向周边逐渐减少,中心地区村庄密度普遍高于周边村庄密度。受城市辐射以及城镇化等作用影响,城市周边乡村密度较高,沈阳市周边的村庄密度以圈层形式逐渐减少,内圈村庄密度处于 0.06～0.16 个/平方千米,中部圈层村庄密度处于 0.04～0.06 个/平方千米,外部圈层村庄密度处于 0.02～0.03 个/平方千米。长春市周边村庄内部村庄密度处于 0.06～0.1 个/平方千米,中部圈层村庄密度处于 0.02～0.04 个/平方千米,外部圈层村庄密度处于 0.008～0.02 个/平方千米,但部分地区由于受到地形的限制,村庄密度分布与上述情形不完全一致。黑龙江省圈层密度不太明显,主要受地形限制较大。

10.1.2 县域乡村发展影响因素

1)数据来源

数据源于《辽宁省统计年鉴(2015)》《吉林省统计年鉴(2015)》和《黑龙江省统计年鉴(2015)》《中国县域统计年鉴(2015 县市卷)》《中国住户调查年鉴(2015)》、全国人居环境调查以及东北三省统计局官方网站所公布的数据。本文以县域为空间分析尺度对东北地区乡村进行研究,其中县域行政边界均选取自国家基础地理信息中心发布的信息。

2)数据整理

由于县、市政府范围划分经过了更改和调整,使得县域行政边界同现行的有所出入,主要为:辽宁省的北宁市于 2006 年改名为北镇市、铁法市于 2002 年改名为调兵山市;吉林省的扶余于 1987 年设立县级扶余市;黑龙江省的呼兰于 2004 年撤县建区。

通过计算并整理之后得到研究区各县域 2015 年各项相关数据资料。其中,为了实现数据的统一性和标准性,在分析中选取了三省共同拥有的指标数据:人口数量、第二产业产值、第一产业产值、人均 GDP、地方财政收入、粮食产量、耕地面积、农业机械总动力、农民人均纯收入、化肥使用量、小学生数量、公路里程。部分数据根据耕地面积和人口数量等进行二次运算得出。

3）评价对象和评价范围

县域层面的乡村发展评价研究对象为东北三省（辽、吉、黑）所有的涉农区域，共 145 个涉农县、市、区（表 10-2、图 10-2）。辽宁、吉林、黑龙江三省地域面积为80.84 万平方千米，人口约达 1.097 亿人。研究的目的是比较东北乡村发展水平，因此各市辖区不列入研究范围，图中空白区域为各市辖区以及资料缺失的县（市）。

表 10-2　东北地区乡镇研究情况

省份	研究范围	数量（个）	缺失县/市/区	缺失总数（个）
辽宁	昌图县、西丰县、康平县、和龙市、彰武县、法库县、阜新蒙古族自治县、调兵山市、铁岭县、清原满族自治县、建平县、新民市、北票市、黑山县、抚顺县、新宾满族自治县、朝阳县、北镇市、义县、辽中县、灯塔市、集安市、桓仁满族自治县、本溪满族自治县、台安县、喀喇沁左翼蒙古族自治县、盘山县、凌源市、凌海市、辽阳县、海城市、大洼县、宽甸满族自治县、建昌县、凤城市、大石桥市、兴城市、岫岩满族自治县、绥中县、盖州市、东港市（县）、庄河市、瓦房店市、普兰店市、东港市、长海县	46		
吉林	镇赉县、洮南市、白城市、梅河口市、辉南县、抚松县、靖宇县、柳河县、大安市、扶余县、前郭尔罗斯蒙古族自治县、乾安县、通榆县、榆树市、农安县、德惠市、长岭县、蛟河市、敦化市、永吉县、公主岭市、双辽市、汪清县、梨树县、伊通满族自治县、珲春市、桦甸市、磐石市、龙井市、安图县、延吉市、东辽县、东丰县、图们市	34	九台区双阳区	2
黑龙江	漠河县、塔河县、呼玛县、嫩江县、孙吴县、逊克县、嘉荫县、五大连池市、讷河市、克山县、北安市、甘南县、抚远市、萝北县、同江市、克东县、绥棱县、依安县、富裕县、拜泉县、海伦市、绥滨县、龙江县、富锦市、庆安县、饶河县、林甸县、铁力市、明水县、汤原县、桦川县、望奎县、杜尔伯特蒙古族自治县、泰来县、青冈县、集贤县、安达市、友谊县、宝清县、巴彦县、依兰县、兰西县、桦南县、通河县、虎林市、木兰县、肇东市、呼兰区、勃利县、肇州县、方正县、宾县、肇源县、林口县、密山市、延寿县、双城区、鸡东县、海林市、尚志市、五常市、穆棱市、东宁市、绥芬河市、宁安市	65	绥化市黑河市	2

注：市辖区以及缺失数县/市区不列入分析。

4）主要影响因素及指标体系建立

众多专家学者开展了大量关于县域乡村发展评价研究。戚明钧建立的指标体系是以江苏沿海地区三个地级市各县域为研究对象，数据为各县域的第一产业、第二产业和第三产业的产值均值和标准差，同时对乡村发展的类型进行了划

图 10-2   东北地区分县行政区划示意图

分。基于乡村对社会发展产生影响的五个影响要素进行评估,并建立乡村性指
数(RI)评估体系,运用自然间断点分级法把乡村性强弱分为五个不同的等级,同
时对所有的县域进行了评价。韩源提出美丽乡村发展要素为基础构建评价体
系。李小荣等基于陕西省 2013 年县域数据,通过各产业产值占生产总值的比重
划分乡村发展类型,并采用多因素综合评价法,借助 Arc GIS 软件,对陕西省县
域不同乡村发展类型的乡村性空间分布进行分析。李赛男以 2012 年国家扶贫开
发办发布的 592 个国家级贫困县中涉及西南地区的 201 个县为研究对象,以县域为
研究基本单元,将产业结构发展现状与主导产业结合划分乡村发展类型并以此为
基础,结合相关研究成果,综合考虑城乡整体性,借助 Arc GIS、SPSS、GeoDa 和

EXCEL 等工具,选择双层次测度方法来对西南贫困地区进行县域乡村性评价,从而认识西南贫困地区乡村发展水平、乡村性空间差异特征,并提出各类乡村进一步发展方向。张荣天等以长三角地区为例,划分出农业主导、工业主导、服务主导和均衡发展 4 种乡村发展类型,基于区域城乡一体的思想构建乡村性指数 RI 理论公式,对 2000—2012 年长三角地区乡村性及演变特征进行了探讨。

　　本书借用 RI 评价体系,并借助 Arc GIS 和 EXCEL 等工具,不仅明确了相应的评价指标,还确定了相应的权重。从经济发展基础、农业生产与生活水平和社会发展基础三个方面进行评估,并建立东北地区的县域乡村发展水平评估体系。乡村的发展关系到区域发展的每个方面,参考当前关于城乡协调发展评价指标构建的相关研究成果,兼顾指标的代表性、全面性、可获取性、一致性等原则综合分析考虑,从经济发展基础、农业生产与生活水平和社会发展基础等方面建立城乡协调发展评价分析体系(表 10-3)。对于经济发展基础子系统分别选取相应指标:人均 GDP、地方财政收入、人均工业产值;对于农业生产与生活水平子系统选取相应指标:人均农业产值、第一产业比重、人均粮食产量、人均耕地面积、地均农业机械总动力、农民人均纯收入、地均化肥使用量;社会发展基础子系统选取相应指标:小学生占比、人均公路里程,从而丰富了评价体系。

表 10-3　东北地区乡村发展水平综合评价指标及权重(2015 年)

准则层	权重	指标层	权重
经济发展基础	0.25	人均 GDP(元/人)	0.13
		地方财政收入(元/人)	0.07
		人均工业产值(元/人)	0.05
农业生产与生活水平	0.65	人均农业产值(元/人)	0.12
		第一产业比重	0.05%
		人均粮食产量(吨/人)	0.1
		人均耕地面积(公顷/人)	0.1
		地均农业机械总动力(万千瓦/公顷)	0.1
		农民人均纯收入(元)	0.15
		地均化肥使用量(吨)	0.03
社会发展基础	0.1	小学生(占比)	0.04
		人均公路里程(公里/人)	0.06

5) 权重确定

东北地区的县域乡村发展评价系统是通过经济发展、农业生产与生活水平和社会发展基础三个子系统共同构成的，各个子系统由若干个指标构成，为了让其更有可比性，对每项指标都实行了标准化处理，选择了 12 项指标作为东北地区县域乡村发展水平评价指标。为了避免主观随意性，借助熵权法来对指标的权重进行确定。基于指标体系，在对各指标进行标准化处理之后，利用标准化后的指标及相应的权重进行加权求和，得到东北地区县域乡村发展水平评价结果。本次以县域为基础对乡村发展进行评价，主要采用的指标和权重分别是人均生产总值 0.13、地方财政收入 0.07、人均工业产值 0.05、人均农业产值 0.12、第一产业比重 0.05、人均粮食产量 0.1、人均耕地面积 0.1、地均农业机械总动力 0.1、农民人均纯收入 0.15、地均化肥使用量 0.03、小学生占比 0.04、人均公路里程 0.06。

基于统计数据，分别制作了东北地区分县人均生产总值分布图、东北地区分县农民人均纯收入分布图、东北地区分县人均工业产值分布图、东北地区分县人均农业产值分布图（图 10-3～图 10-6）。通过对东北地区乡村发展水平进行评价，并根据评价结果进行数据分段赋值，共分出了 0～30、30～40、40～50、50～60、60～100 五个等级，并利用 Arc GIS 制成了东北地区分县村庄发展空间分布图。

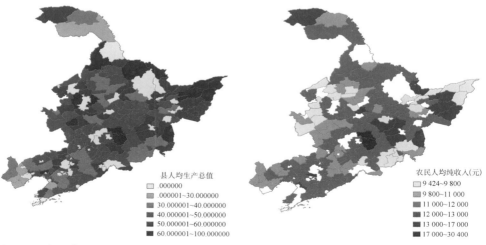

图 10-3　东北地区分县人均生产总值分布示意　　　图 10-4　东北地区分县农民人均纯收入分布示意

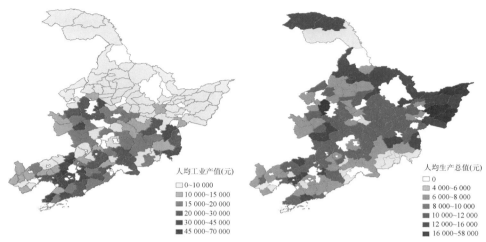

图 10-5　东北地区分县人均工业产值分布示意　　　图 10-6　东北地区分县人均一产总值分布示意

10.1.3　县域发展空间特征

1）乡村发展特征

（1）东北地区乡村发展,空间大体上呈显著的"南弱北强"的格局

将各类乡镇按照乡村性的强弱层次表达到地理空间上,从而分析各乡镇的乡村产业乡村性空间分布。研究范围内的地区在空间分布上有很强的层次性:辽宁省乡村发展水平相对低,吉林省发展处于中间位置,黑龙江省乡村发展水平相对高。受地形、地貌等自然条件影响,黑龙江省和吉林省土地广袤而居民数量较少,人均耕地较多:嘉荫县、抚远市、同江市、绥棱县、依安县、富锦市、饶河县等县在人均农业产值、第一产业比重、人均粮食产量、人均耕地面积方面远高于平均水平,农业结构不断优化、农业机械化水平不断提高,促使其乡村发展相对较好,这些县市均分布于吉林省中部和黑龙江省北部。在东北地区分县人均生产总值分布图中,辽宁省普遍水平高于吉林省和黑龙江省,辽宁省中部的村庄人均GDP 水平均高于 56 000 元/人,并呈圈层式递减,西北部村庄人均产总值较低;吉林省整体水平较为均衡,大部分处于 38 000～56 000 元,仅东、西部一些村庄高于 56 000 元;黑龙江省村庄人均生产总值最低,大多处于 4 800～38 000 元,三江平原地区村庄人均生产总值水平普遍高于 78 000 元。在东北地区分县农民人均纯收入分布图中,呈现出圈层式递减,并由南向北呈现递增趋势。东北地区分

县人均工业产值分布图显示：辽宁省和黑龙江省普遍工业水平远远高于吉林省工业水平，吉林省在内圈层工业水平较低，外圈层工业水平较高，普遍在13 600～45 000元/人的区间内。

（2）乡村发展水平较高的地区，在空间上的大体分布是"两带三片区"

"两带"指的是黑龙江省的嫩江县-逊克县-萝北县和辽宁省的康平县-辽中县-盘山县；"三片区"指的是三江平原发展片区、辽东半岛东部片区和黑龙江省东南部片区；除此之外，发展水平较高的地区呈零散状分布，这些地区主要集中于市辖区周边，主要有蛟河市、漠河县、抚顺县、依兰县、乾安县。三江平原发展

区，拥有丰富的水资源、耕地资源、生物资源等，人均耕地面积大致相当于东北其他地区人均耕地的3～4倍，乡村发展水平极高。辽东半岛东部主要以平原为主，气候适宜瓜果等作物的生长，是苹果的集中产区和最大的外销基地，柞蚕茧产量占全国的三分之二。黑龙江省东南部隶属长白山系老爷岭山脉，地区内地形复杂多变，森林资源和风能资源尤为丰富，同时年日照时间长，特别适合作物生

图例
□ 市辖区
■ 发展水平较好

图10-7　东北地区农村发展较好县域分布示意

长（图10-7）。

（3）乡村发展水平较低的地区，在空间上大体分布是"三片区+"

"三片区"指的是辽西丘陵片区、吉林省东部片区和黑龙江省西部片区，"+"指的是分布较为零散的地区，主要有盖州市、西丰县、扶余区、呼玛县、铁力市和白城市。"三片区"中乡村所处的地形主要以丘陵山地为主。辽西丘陵片区受燕山山脉、松岭山脉的影响，吉林省东部片区受长白山的影响，黑龙江省西部片区受小兴安岭的影响。这些地区由于受到不同程度的山地地势的影响，农业生产和发展受到了较大的限制，同时距离市辖区较远，受到辐射带动作用较小，因此乡村发展水平较低，但是少数地区的旅游资源较为丰富，旅游业发展较好（图10-8）。

图 10-8　东北地区农村发展较差县域分布示意

2）辽宁省乡村发展特征

辽宁省，取辽河流域永远安宁之意而得名，省会沈阳。南邻黄海、渤海，西与河北相接，北与内蒙古相接，东与吉林为邻，东南与朝鲜隔鸭绿江相望，总面积14.86 万平方千米。新中国成立后，辽宁是我国工业的摇篮，有"共和国长子""东方鲁尔"等美誉。辽宁共辖 14 个地级市，46 个县级行政区域（图 10-9）。

图 10-9　辽宁省分县行政区划示意

首先是盘山县、辽中县、抚顺县等总体乡村性高水平发展的乡镇。其主要分布于沿哈大线市区周边，同时大多处于平原地区，以盘山县、长海县、抚顺县为例：盘山县紧紧依托盘锦市，处于辽宁沿海经济带"N"字走向中心地带，紧邻"沈阳经济区"，位居辽东半岛与辽西走廊的汇合处，距离沈阳120千米、锦州90千米，位于辽河下游冲积平原，地势平坦低洼，平均海拔4米左右。境内有大辽河、双台子河、饶阳河等大小河流13条，境内沟渠纵横，广布沼泽洼地，沿海多滩涂。农业和水资源丰富，在其不断进行产业结构调整和转型下，现已发展成为"辽宁省综合实力十强县""中国河蟹产业第一县"和"辽宁省休闲农业与乡村旅游示范县"。长海县拥有丰富的土地资源而人口较少，因此更重视对农业现代化的推进，使农业发展水平不断提升。抚顺县位于低山丘陵地区向平原地区过渡的地段，地势大致为东高西低，中部通过浑河谷地进行连接，抚顺县的平均海拔高于100米，低于300米，抚顺县境内山峦连绵起伏，丛林植被茂盛繁密，它的地貌特点可以被总结成"七山一水半分田，半分道路和庄园"，农业人口占总人口的89.7%，良好的资源条件促使其农业发展较好。综合分析可知，辽宁省乡村发展水平较高的地区都拥有较好的地势区位和资源条件且农业人口比重较高（图10-10～图10-13）。

其次东港市、庄河市、阜新市、彰武县、昌图县等中等乡村性发展水平的地区，其主要分布于辽宁省北部及辽东半岛东侧南部沿海地区，由南向北呈现出条状分布。其中东港市（县）、庄河市等为低山丘陵区，属暖温带大陆性季风气候，具有一定的海洋性气候特征，气候温和，四季分明，境内有数十条河流经过。阜

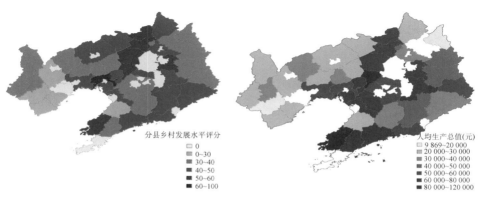

图10-10 辽宁省分县村庄发展空间分布示意 图10-11 辽宁省分县人均生产总值分布示意

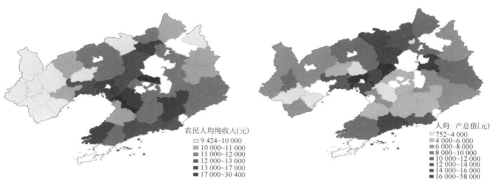

图 10-12　辽宁省分县农民人均纯收入分布示意　　　图 10-13　辽宁省分县人均一产总值分布示意

新县、彰武县等属于东北平原、内蒙古高原与辽河平原的过渡段,属于温和半湿润的大陆性季风气候,四季分明,雨热同季,光照充足,境内河流经过,雨水充沛。所以,辽宁省总体乡村性中等水平的乡镇拥有较好的水域资源、地貌和气候。

最后,绥中县、盖州市、朝阳县、兴城市等总体乡村性发展水平较低的乡镇,空间上主要位于辽宁省西南部。比如绥中县,它所在区域的地形和地势就受到了燕山山脉的限制,山地位于燕山山脉的东延区域,因此产生了五条不同的山脉。其地势特征为西北高、东南低,原因是大多数的山脉都是从西北部进入境内并向东南部延长,绥中山地的面积大约占据了总面积的 41%,丘陵面积约占绥中县总面积的 38%,土壤主要为棕壤,部分地区为盐土。除此之外,这些地区离市辖区距离较远,受到辐射带的影响较弱。总体来看,辽宁省乡村发展水平较低的乡镇受到地形限制,同时资源不足,缺乏良好的发展条件。

3) 吉林省乡村发展特征

吉林省省会长春市,与辽宁、内蒙古、黑龙江相连,并与俄罗斯、朝鲜接壤。吉林省下辖 9 个地级行政区,34 个县级行政区(图 10-14)。

首先是乾安县、集安市、蛟河市、珲春市、镇赉县等总体乡村性高水平发展的县(市),其在空间上呈零散分布,主要位于吉林省中部、西北部和东部,大多处于平原地区,部分为低山丘陵地区。以乾安县、蛟河市、镇赉县为例:乾安县位于吉林省的西北部,松原市西部,松嫩平原腹地,松花江、嫩江汇合处以南,属松花江

图 10-14　吉林省分县行政区划示意

第二和第三阶地,有"乾安台地"之称,整体地势平坦,无山川、丘陵,农业人口占总人口的 66.7%。蛟河市位于吉林省东部,长白山西麓,松花江、牡丹江贯穿境内,生物、旅游及矿产资源丰富,农业产业化进程发展较快,农业人口占总人口的 63.8%。镇赉县处于吉林、黑龙江、内蒙古三省(区)接合部,是松嫩平原和科尔沁草原交融汇聚地带,地势由西北向东南倾斜,东部与南部有嫩江、洮儿河环绕,江河沿岸是比较肥沃的冲积平原,农业人口占总人口 64.8%,由于生态环境良好,被誉为"中国白鹤之乡",另外,风能、太阳能和油气资源也十分丰富(图 10-15~图 10-18)。

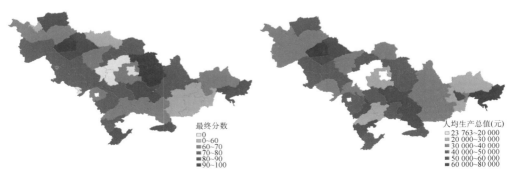

图 10-15　吉林省分县村庄发展空间分布示意　　　图 10-16　吉林省分县分县人均生产总值分布示意

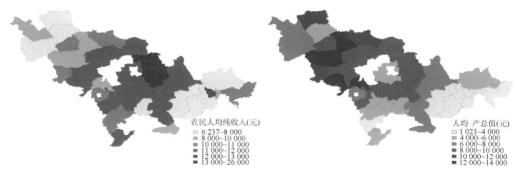

图 10-17　吉林省分县农民人均纯收入分布示意　　　图 10-18　吉林省分县人均一产总值分布示意

　　其次,梨树县、长岭县、通榆县、德惠市、东丰县中等乡村性发展水平的地区,其在空间上呈圈层式分布,同时发展程度会随着圈层呈现出递减趋势。以长岭县、梨树县、东丰县为例:长岭县位于吉林省西部,地形东南高、西北低,由东南向西北逐渐倾斜,地势较为平坦,风能资源丰富。梨树县位于吉林省西南部,地处松辽平原腹地,地势东南高,西北低。南部低山丘陵,中部波状平原,北部为东辽河冲积平原,有"东北粮仓""松辽明珠"的美誉,农业人口占总人口的 87.5%,除此之外梨树镇距东北交通枢纽四平市仅 10 千米,距吉林省会长春市约 110 千米,交通条件便利。东丰县处于吉林省的中南部区域,它的所在地为长白山的分支哈达岭余脉,同样也是在辉发河的上游区域,地貌特征呈现出"五山一水四分田"的格局,东丰县所在地是一个半山区,其丘陵和台地分布占全县辖区面积61.4%,农业人口占总人口的 74.3%。所以,吉林省总体乡村性中等水平的乡镇,拥有丰富的便于农业生产的资源、或者拥有便捷的交通条件,在一定程度上有利于乡村发展。

　　最后,靖宇县、辉南县、龙井市、安图县、和龙市等总体乡村性发展水平较低的乡镇,其主要位于吉林省边缘地区:北部和东南部。以和龙市、靖宇县、龙井市和辉南县为例,和龙市地处吉林省东南部,延边朝鲜族自治州南部,位于长白山东麓,图们江上游北岸,地处长白山区,地貌类型复杂多样,西部多高山峻岭,西高东低,南岗山脉横亘中部,农业人口占总人口的 37.8%。靖宇县是吉林省白山市下辖县,位于吉林省东南部,白山市北部,长白山西麓,松花江上游左岸,境内山岭起伏,纵横交错,农业人口占总人口的 50.2%。龙井市位于吉林省东南部,长白山东麓,其地形从边缘山地到中部中心盆地,农业人口占总人口的38.1%。辉南县位于吉林省东南部,长白山支脉龙岗山脉斜卧县境东南部,构成东南高向西北渐低的地势,山地丘陵占全县总面积的67.9%,除此之外,这些地区离市辖区距离较远,受到的辐射带动作用较弱。总体来看,吉林省乡村性发展水平较低的乡镇受到地形限制,长白山穿越多数地区,导致耕地资源匮乏,同时境内没有丰富的水资源,因此乡村发展水平较低。

4)黑龙江省乡村发展特征

黑龙江省是我国最北端及陆地最东端的省,北部、东部与俄罗斯隔江相望,边境线长达2 981.26千米,辖区总面积47.3万平方千米。黑龙江省下辖12个地级市,65个县级行政区(图10-19)。

图10-19 黑龙江省分县行政区划示意

首先是逊克县、嘉荫县、富锦市、抚远市等总体乡村性高水平发展的县(市),其在空间上呈零散状分布,主要位于黑龙江省北部、东部等边界地区,大多地形为平原,部分为低山丘陵。以逊克县、抚远市为例:逊克县位于黑龙江省中北部边疆,小兴安岭中段北麓,境内地貌地形多样复杂,有123条河流流经逊克县,土地资源丰富,人均耕地高达 19 亩。抚远市地处黑龙江、乌苏里江交汇的三角地带,位于三江平原东部地区,地势平坦低洼,大面积为河流一级阶地,北部少数孤山残丘散立于平原之中,全市地势由西南向东北缓缓倾斜,是世界上仅存的三大黑土带之一,土质肥沃,其境内拥有中国最大湿地——三江湿地,境内河流众多(图 10-20～图 10-23)。

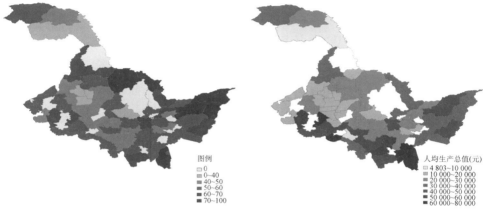

图 10-20 黑龙江省分县村庄发展空间分布示意   图 10-21 黑龙江省分县人均生产总值分布示意

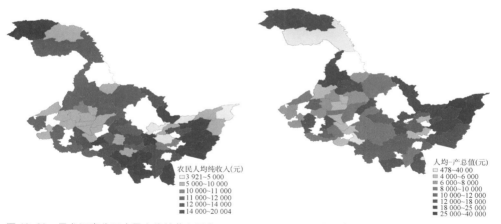

图 10-22 黑龙江省分县农民人均纯收入示意   图 10-23 黑龙江省分县人均一产总值分布示意

其次,东宁市、杜尔伯特蒙古族自治县、甘南县、饶河县、嫩江县等乡村性发展水平中等的地区,其在空间上主要分布于城市周边。以杜蒙县、饶河县、嫩江县为例:杜蒙县位于黑龙江省西部,嫩江下游东岸,境内水面宽广,地表水与地下水资源异常丰富,境内不但拥有大草原、大湿地等自然景观,而且还有众多古文化遗址。饶河县地处黑龙江省的东北边缘地带,乌苏里江的中下游区域,南边为完达山山脉,北边为三江平原,乌苏里江和挠力河都流经此地,农业人口占总人口的76.9%。嫩江县位于黑龙江省西北部,北依伊勒呼里山,东接小兴安岭,西邻嫩江,南连松嫩平原,拥有大量的耕地资源和水资源,生物资源亦尤为丰富。所以,黑龙江省总体乡村性中等水平的乡镇,拥有较为丰富的耕地资源、水资源、生物资源或有利的地形。

最后,拜泉县、克东县、铁力市、勃利县、呼玛县等总体乡村性发展水平较低的地区,其在空间上距离城市较远,受到辐射作用较小,同时大多处于资源匮乏区。比如拜泉县、铁力市和呼玛县:拜泉县在黑龙江省中间偏西,坐落在小兴安岭余脉和松嫩平原两地之间,主要以山地为主,人均耕地面积较少。铁力市位于中国黑龙江省小兴安岭南麓,地形大体是"八山一水一分田",主要由山地、平原、丘陵和水面构成,地势东高西低,农业人口占总人口的28.9%。呼玛县地处黑龙江省大兴安岭地区,位于大兴安岭东麓,境内地形多为山地。除此之外,这些地区离市辖区距离较远,受到的辐射带动作用较弱。

10.2　村域空间环境

10.2.1　村域规模、构成与形态

东北地区的村域由于气候条件及其自身独特的农业资源禀赋和生产、生活方式,在分布与形态、数量与规模、空间功能组织等方面具有一定的典型特征。东北地区的村域空间具有明显的自然性、地域性以及复合性。从地形上来看,辽宁省村庄39.60%位于平原地区,30.60%位于丘陵地区,29.80%位于山区。吉林省52.70%的村庄位于平原地区,22.50%的村庄位于丘陵地区,24.80%的村庄位于山区。黑龙江省59.90%的村庄位于平原地区,23.00%的村庄位于丘陵地区,17.10%的村庄位于山区。东北地区的村域面积普遍偏大,辽宁省村域面积多集中在2~50平方千米的范围内,其中以5~10平方千米村域面积所占比例最大;吉林省的村域面积多集中在5~50平方千米的范围内,其中以5~20平方千米所占的比例最多;黑龙江省村域面积多集中在5~50平方千米的范围内,其中以

10～20 平方千米村域面积所占比例最大。总体看,东北三省中黑龙江省村域面
积相较其他两省而言大规模乡村数量较多,吉林省次之,辽宁省相对村域面积较
小的村庄数量较多(表 10-4、图 10-24)。

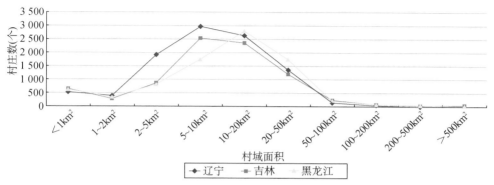

图 10-24   东北地区村域规模分段对比

表 10-4   东北地区村域规模分段统计表(平方千米)

省份	<1	1～2	2～5	5～10	10～20	20～50	50～100	100～200	200～500	>500	总计
辽宁	547	394	1 929	2 977	2 631	1 357	134	35	10	3	10 017
吉林	650	284	873	2 529	2 358	1 192	230	70	29	42	8 257
黑龙江	628	342	830	1 745	2 801	1 761	223	78	45	10	8 463

　　由于人口分布的原因,无论是辽宁省、吉林省、黑龙江省省域或不同区域的村
域规模差异较大。大的村域面积可达到 30～80 平方千米,小的约 3～5 平方千米,
生活空间一般约占村域空间面积的 10%～20%,少部分会达到 30%～50%。受地
形、土地开垦条件、寒冷气候条件和主要生产活动影响,村域形成了"田成方,林成
网"的大地基质形态。未来,随着乡村产业的高级化、多元化、空心化,村域空间分
布也将迎来新一轮的重构与组织。

　　通过归纳调研村庄、实践资料以及东北地区乡村统计数据,村域空间结构基
本形成单一集中型(单一居民点)、集中均衡型(2～4 个居民点均衡分布)、轴线型
(一般分布于山区,居民点沿河谷或主要交通线分布)、分散均衡型(平原 2～4 个
居民点,山地丘陵 5～20 个居民点不等)和极核型(一核多点)。

1）单一集中型

集中于平原地区,只有一个规模较大的村庄,总体数量上单一集中型约占行政村数量的 25%,主要交通有一条省道或者乡道穿过乡村内部,居住空间位于中心,农业生产空间和林业空间围绕着居住空间布置。

图 10-25 的两个村子都位于平原地区。开原市城东乡赵家台村只有一个单一的居民点,有一条东西向乡道和一条南北向河流经过村子内部,种植空间和林业空间围绕居民点,种植空间约占村域面积的 60%,居住空间和林业空间约各占 20%。老虎头村位于开原市庆云堡镇,和赵家台村相似,有单一居民点并且只有一条乡道穿过村子内部,居住空间处于中心位置,种植生产空间围绕居住空间周边。

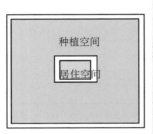 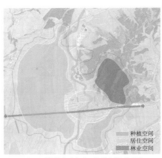 

(a) 单一集中型基本模式图　　(b) 开原市城东乡赵家台村　　(c) 开原市庆云堡镇老虎头村

图 10-25　单一集中型模式

2）集中均衡型

平原或者丘陵地区的大多数乡村一般为集中均衡型,在总体数量上约占行政村数量的 20%,乡村无明显的中心村概念,所有村庄均衡分布,以传统农业为主,居住空间与农业生产空间呈嵌套分布(图 10-26)。

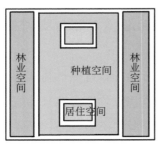 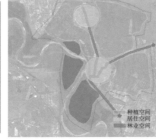 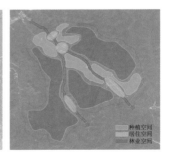

图 10-26　集中均衡型模式

开原市庆云堡镇西古城子村处于平原地区,两个居民点均衡分布,有一条乡道穿过两个村庄,种植空间、居住空间和林业空间镶嵌分布,种植空间约占整个村域面积的 50%,围绕在居住点的周围。王家店村位于开原市莲花镇,处于丘陵地区,4 个居民点均衡分布,没有明显中心村,林业空间约占村域面积的 65%,生产空间约占 25%,分布在居住空间四周。

3) 轴线型

轴线型通常地处山区或者拥有主要交通干线的平原村,在总数量上约占行政村数量的五分之一,生态空间占比一般大于 85%,村落排布分散,通常顺着道路进行排布,人口稀少,以林业为主,居住与农业和林业生产空间呈圈层由内向外分散(图 10-27)。

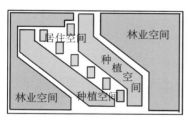 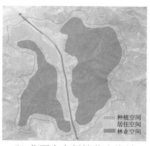 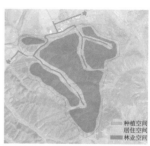

(a) 轴线型(山区)基本模式图　　(b) 北票市大板镇黄土坎村　　(c) 北票市大板镇金岭寺村

图 10-27　轴线型模式

黄土坎村位于朝阳市北票市(县)大板镇山区,6 个居住点分布在南北向乡道的周边,林业空间占面积最大,种植空间主要分布在居住点四周,面积较小。金岭寺村位于朝阳市北票市(县)大板镇,有 7 个居民点,规模比较小,分布零散,主要沿着道路分布,以林业空间为主。

4) 分散均衡型

分散均衡型通常分布于丘陵地区和平原地区,约占行政村的比例为五分之一,丘陵地区因为地形因素的限制,农业生产主要以果蔬为主,交通不畅、远距离生产会受到限制,居住和生产呈现出相互交织状态分布。平原地区通常人口密度较大,人多地少,以现代农业为主,居住空间占比较大,呈组团状分布。

红岭村位于开原市金沟子镇,属于丘陵地区,5个居民点均衡分散布置,有一道高铁线穿过村域内部,主要以种植空间为主,分布在居民点周围。大红石村位于开原市马家寨乡,有一条道路穿过村域内部,延伸到各个村庄,居住空间、种植空间和林业空间互相交织,呈组团分布(图10-28)。

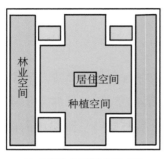

(a) 分散均衡型基本模式图

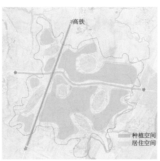

(b) 开原市金钩子镇红岭村

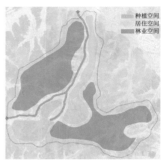

(c) 开原市马家寨乡大红石村

图 10-28　分散均衡型模式

5) 极核型

极核型通常分布在平原地区或者山区,从总量上来看,约占行政村数量的15%,具有显著的中心性,以农业为主,工业、旅游业或商业等产业往往分布在中心屯,居住和农业生产空间的分布状态是不均衡的。

杏花村位于开原市马家寨乡,以种植空间为主,居民点有明确的中心村,规模较大,种植空间与林业空间分布在村庄外围。半拉山子村位于开原市松山堡乡,有一条乡道穿过中心村,其他村庄分散在中心村周边,种植生产空间围绕着居民点,林业空间约占村域面积的一半,分布在最外围(图10-29)。

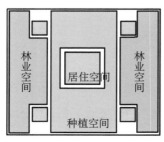

(a) 极核型基本模式图

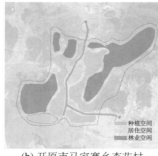

(b) 开原市马家寨乡杏花村

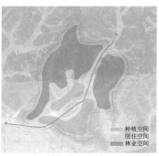

(c) 兴城市东辛庄镇半拉山子村

图 10-29　极核型模式

10.2.2　村域空间环境的影响因素

1）地形条件

地形地貌对村落的空间组织形态影响较为显著,多以集中式的布局形式为主。地形平坦、人口稠密的地区以团块状居多,规模较大,带状乡村通常多沿河溪或顺山麓呈带状衍生。

山地地区村落分布的规律多是依山而建,并且顺山势发展,一些村子会选择交通要道周边进行建设,空间形态通常是顺应或者垂直等高线方向进行线性延长的,规模较大的村落会综合考虑平行等高线和垂直等高线的优势特点,呈现出树枝状或网格状水平安置。平原地区村落的分布一般多选择交通便利、易于耕种、地势平坦的旱地耕作区进行建设,多个村落团聚在一起,形成矩形、方形、圆形,或多边形等,而其规模大小则根据居住人口数量以及当地自然资源情况而定。平原地区因居住人口多,故平面尺度相对较大,且布局紧凑,并与交通干道联系紧密(表 10-5)。

表 10-5　因地形条件影响的空间组织类型

类型	实例图	示意图
山地地区平行山势型(孙家店村)		
山地地区垂直支状型(红透山村)		

(续表)

类型	实例图	示意图
平原地区 矩形团状型 (崔庄子村)		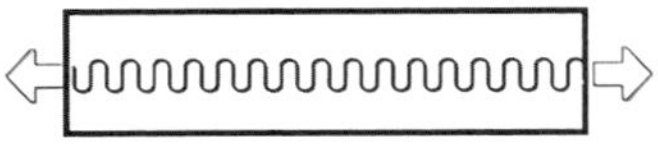
平原地区 方形团状型 (长山村)		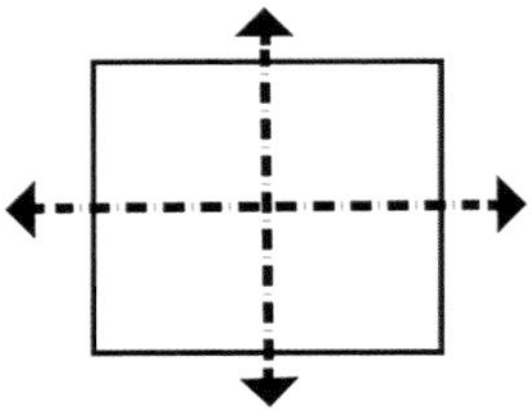
平原地区 多边形团状型 (张虎村)		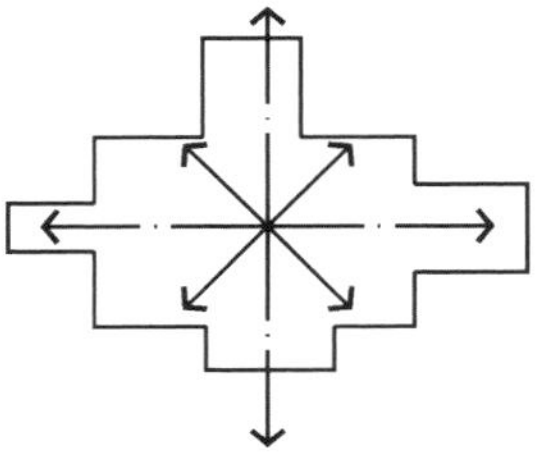

2) 水文条件

　　东北三省的大小河流资源十分丰富，这些河流是主要的供水渠道，有益于农田灌溉。沿河而建的乡村一般分为两种类型：在平原地区沿河而建和在山地地区结合河流而建。

　　在平原地区沿河而建的乡村其选址通常在河流中下游地势平缓、土壤肥沃、交通便利的地带进行建设。由于河流都是自高向低流淌，并把上游的泥沙带到中下游，形成冲积平原，所以有较宽敞的土地，故乡村选址于此(图 10-30)。

　　在山地地区沿河而建的古村落，通常形成"三面环山、一面邻水"的布局特征。此类乡村多在山水间地势较高、便于与外界相通的地带选址营建，其空间结构多依山滨水，呈带状分布(图 10-31)。

图 10-30　平原地区沿河乡村(红透山村)　　　　图 10-31　山地地区沿河乡村(苍石村)

3）资源条件

土地的矿产资源对乡村的空间组织有很大的影响,其他的乡村资源如农业资源和产业资源等都是在居住地块初步形成以后,因对乡村空间的演变存在制约,而成为乡村空间形态形成的影响因素。

矿产资源分布的地域较广泛,矿井布点分散,使用的工人数量多,因此以矿产资源作为发展要素的乡村村民点相对分散。为防止居民点布局太过分散,通常将位置比较适中并且各方面条件相对较好的区域用作矿区中心居民点。受交通条件和工作时间所限,矿区居民点距矿井通常在 2.5 千米范围之内。此外,除了石油资源以外,大多数矿产乡村处于山地丘陵地带,空间发展同样会受到地形地貌的制约。

4）道路交通条件

在乡村无论是信息和物资的流入还是农产品和劳动力的输出都不可避免地要和外部环境相联系,因此乡村间都存在必然的联系和通达性的需求。交通线路的建立与发展会带来新的空间效益与资源,从而会调整生产方法和提高居住空间质量。对外交通对乡村村民点的选址有一定的影响,总体可以分为两大类:穿越式和端头式。穿越式的道路使乡村的空间布局多成带状,然而带状的两侧又分为对称布局和不对称布局;端头式的道路使乡村的空间布局有足够的发展空间,多成集中式团状布局,而与道路的关系又分为位于道路一侧和位于道路尽端这两种方式(表 10-6)。

表 10-6　对外交通与居民点选址的关系

类型	实例图	示意图
对称穿越式 （东关站村）		 聚落对称布局
不对称穿越式 （杨树村）		 聚落不对称布局
道路一侧端头式 （方安村）		 位于公路一侧
道路尽端端头式 （台里村）		 位于公路尽端

5）政策条件

中国改革开放 40 多年来积极推进农村建设，为农村发展出台了一系列政策，如土地政策、新农村建设、城乡一体化等，特别是宅基地审批制度，为乡村居住区选址的发展指出了方向。

（1）土地政策

从耕者有其田到人民公社土地集体所有，再到家庭联产承包责任制到土地流转集体所有性质不变。土地政策包括了土地所有权、土地征用、土地流转、农业税费等一系列内容。农村土地问题的解决还是要依靠经济的发展，面对激烈的市场竞争，农村土地的规模化与合作化是必由之路，因此需要让农村的农业用地与产业用地逐步地向规模化、集约化转型，从而使经济利益最大化。

农村土地产权制度阻碍了农户住房的流转。即使我国颁布了农村家庭联产承包责任制，但是无论是地方还是政府没有明确相关规定，农村宅基地隶属于集体，农户仅仅拥有使用权，当其于异地购买房产时，其原有的住宅不能抵押也不能买卖，结果既无法获得购房资金又导致原有房屋的空置。同时很多地方的农户会在自己耕地里建房屋，大大缩减了耕地的面积，同时导致了土地使用功能的混乱。

（2）宅基地审批制度

农村宅基地审批和使用制度执行不力。就我国绝大部分农村来看，农村宅基地审批及使用制度并不完善，无法约束非法或不合理的农户建房选址行为。如果宅基地审批、使用制度约束效率很低，在农户自发、盲目的建房选址，致使住宅布局无序，同时也扰乱居民点的整体空间布局。

（3）新农村建设

现阶段，我国社会主义市场经济体制已经初步建立，财政政策要实现"以工促农、以城带乡"，满足工业反哺农业、城市反哺农村的要求。如："重点发展目标是要统筹城乡发展，减少城乡差距，解决好'三农'事项，需推行工业反哺农业，城市支持农村对策，坚定不移走可持续发展道路，建立资源节约型和环境友好型社会，在城乡统筹发展格局下大力发展社会主义新农村。充分利用土地资源，提高土地利用率，调整农村产业结构从而增加农民的收入，使农村的产业集聚，农业生产更加专业化，从而提高粮食产量。"该政策的提出对乡村产业布局的影响较大，产业之间更加集聚发展，从而带动农村的快速发展。

（4）城乡统筹政策

城乡统筹这一政策的提出使核心城市的辐射能力加强，形成了自上而下的动力机制。而自下而上的动力机制来自乡村的经济,它发展的原动力有很多,如城市周边农村的经济改革,农业的工业化与乡村的城市化,还有城乡文化、生产生活以及收入的不同所引发农村城市型发展规划所具有的亲和力等其他各种要素都要考虑在内。外部投资偏向自外而内的发展模式,促进乡村的经济增长、产业结构升级、产业集聚加强。基础设施的建设是经济持续发展的基础和保障,是城乡建设发展不可缺少的硬环境,城乡交通一体化促使了城市到乡村公共交通的建成;城乡供水设施一体化使大多数的农村居民解决了自来水供应的问题;城乡环境一体化、垃圾处理一体化、电网一体化的整治为乡村的发展提供了有利条件。

10.2.3　村域空间环境存在的问题

在国家大力推动乡村建设进程中,由于大量的乡村人口进城务工与定居,乡村空间组织呈现如下一些问题。

1) 村庄分散发展,乡村核心涣散

受自然地形条件、生产空间和交通因素的影响,乡村呈现分散发展,核心涣散的问题。丘陵和山区村域面积较大,自然村的数量较多、规模较小,大部分以道路为依托呈树枝状分散分布或者点状分布,形成分布广、规模小的零散型村落空间格局。平原地区的乡村聚落较多并且分布十分广泛,大多数的聚落都没有进行过有效规划,现有格局多是基于历史基础和后续村民自发建房形成的,使得乡村核心涣散,居民点分散。各个村庄的生产空间围绕在各个居民点的生活空间周围,村庄之间没有联系与交流。一些处于有利地形的自然村落由于交通便利、经济发达逐渐发展成为中心村,其规模通常远远大于普通的村落,而一些资源欠发达、交通不便利的村落,由于相对比较偏远落后,长期缺乏发展动力,人口流失等原因,所以其规模逐渐缩小。例如大连市普兰店的塔南村就是东北地区典型的乡村聚居点分布情况,村域范围内多处自然村零散分布,核心涣散(图 10-32)。

图 10-32　核心涣散型村庄布局案例：大连市普兰店区星
台镇塔南村零分布的村

2) 工业发展分散，土地资源浪费

　　由于区位条件、交通条件、基础设施等各方面因素的限制，乡村工业发展分布比较零散，一般围绕在乡村空间的周围，且投资成本和技术含量较低。乡村工业的建设运营导致了村域用地类型与功能的复杂化，乡村农业生产空间、工业生产空间、乡村聚落空间之间往往缺少协调，割裂了原有的乡村肌理和连续的历史记忆，一些乡村工业由于高

图 10-33　工业布局分散案例：大石桥市水源镇黑英村

污染高能耗，加之经营管理水平低下，不仅无法有效带动乡村经济社会发展进步，而且给乡村带来了严重的资源浪费与环境污染(图 10-33)。

3）乡村人口流出，农宅用地空废

随着经济发展，许多农民和下岗工人外出打工、经商等造成大量农村青壮年务工人员的外流，村庄常住人口不断减少、常住人口年龄普遍较大、文化程度普遍较低，村庄内部常有较多的闲置老式破旧农宅，农村居民点土地利用效率和集约程度持续下降。农村呈现"说村不是村，有院没有人"的村庄"空弃化"现象，村庄中的住宅也呈现"说地不是地，草有半人高"的空废化的现象。乡村劳动力转移的同时伴随着乡村人才外流，乡村地区出现基础设施、教育、产业等方面的空心化现象。

4）资金投入不足，基础设施薄弱

乡村的路网结构不尽完善，乡村与乡村、乡村与城市之间的联系不紧密，不利于城乡之间产业运输和信息的及时交流。乡村内部硬化道路较少，道路交通多以土路为主，且高低不平、曲折狭窄，在多雨及冰雪融化的季节，易形成泥泞水洼，通行不便。例如普兰店区星台镇初店村，现状道路只有县道同皮线南北向穿境而过，在中部与乡道张初线相交。县级、乡级道路已基本实现硬底化，为沥青路面，路面宽度 13 米，满足通车需求。而村域内部道路和村庄之间道路，未实现道路硬化，以土石路为主，路况较差，不利于运输与通行（图 10-34）。排水方面，大多数乡村生活污水基本自由排放，没有设置统一污水排放管道。

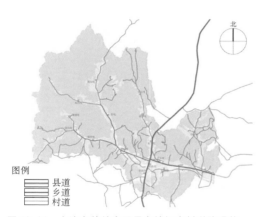

图例
县道
乡道
村道

图 10-34 大连市普兰店区星台镇初店村道路现状

5）乡村建设随意，特色景观退化

不同区位的乡村肌理差异较大，城镇近郊乡村空间相对密集，建设无序、肌理混乱，而边远乡村的空间肌理相对稀疏、规整、分散且单一。整体来讲，总体景观设计对外围水系、山体、林带等自然生态环境的衔接和利用不够，未充分发挥区域生态效应。其次，一些乡村由于受到城市扩张的影响，原有的自然景观和历史遗迹都遭到了一定程度的破坏。乡村规划蓬勃发展的同时,突出问题是忽视乡村的地域特点,照搬城市规划模式,片面追求"新形象",不但割裂了乡村空间环境的组织肌理,同时也让农村失去了原有的精神活力与历史文化。乡村的建筑物和构筑物就是人们在长时间的生产与生活之中同环境、社会和历史发展之间相互适应所得到的产物,在实践中拥有着地域特征的建筑样式被转移到了与此不同的其他地方,由此就造成了"千村一面"。而且由于能够表现出人们的风俗习惯和观念的建筑色彩和文化记号的错误和任意使用,削弱民族文化多元性特征。

6) 公共服务建设滞后,设施分布不均

农村建设滞后,大部分乡村公共与基础服务设施功能欠缺。公共服务设施方面,一般比较完善的公共设施仅集中在中心村、屯,设有商店、诊所等公共服务设施,其他偏远地区村庄基本没有。此外,为日常生活服务的停车场地不足,村民的私家车主要停靠路边、自家屋前等空地;公厕和垃圾站场等空间及设施均严重不足,垃圾乱放,造成环境污染。

10.2.4　村域空间发展趋势

1) 促进产业发展,优化功能布局模式

依据产业演进与空间控制,对规模经营示范区应用四周环绕优化方式,为提高农田集中连片程度,因此将位于农田中的"院落式"居民点组团转移到区域边缘地带;农业自耕经营区域应用组团嵌套式的优化方式,把发展因素定位于具有相应优势的区域,构成自耕经营区发展组团,邻近分布的居民点与其一起搬到组团周边,呈现出居民点集中发展区;生态功能区则应用整合迁并式提升模式,以激励该地区零散的居民点整合迁并式提升模式,鼓舞这个区域零散的居民点整合后迁移到临近居民集中地区,降低洪水灾害给居民带来的生命财产损失,使生态环境比较敏感的生态功能区能够一直发展成为可能。

2) 农业用地向规模化发展,提升农田集中连片化水平

农业规模化、产业化是对农村农业组织方式的完善,终极理想目的是使契约

型向产权型转变，进而使农业空间逐步从松散型模式向紧密型模式进行转变。依据我国各地总结出的具体实践经验，可以在"稳制活田、三权分离"的基本准则之上确立土地经营使用权的流转制度，是基于集体所有制、家庭承包制和公平承包这三个基本原则始终不变的基础上，把土地经营使用的经济效益作为农业发展的终极目的，构成新的土地转变机制，从而进一步加速土地经营向规模化的方向进行发展。整合限制建设用地，村庄空间结构由传统"居田二元结构"向现代生产、生活与"服务复合体"转变。用地规划延续宅田相间的原有格局，住宅用地相对集中，又与农田充分接触，形成村庄特有的布局特征。

3）农业设施化，提高设施农业集中程度

设施农业已经从原来的蔬菜发展到整个粮食作物和一些经济作物，在设施农业发展成熟的地区，林业果树、畜牧、水产养殖等也开始进行设施农业养殖。在设施农业的日光温室中，冬季可以生产出无公害无污染的蔬菜水果，生产出反季节产品以满足人们的生活需求。还可以通过不同的栽培方式生产出不同的农业产品，使农产品品种丰富多元化。

我国正在大力进行农业结构调整，设施农业则可以优化各种生产要素，增加农业的附加值，促使农业增收。设施农业的生产具有反季节性和劳动密集型的特征，能够达到在不增加耕地面积的情况下，实现种植业结构的优化和农业品种种类的丰富，增加农民收入，提高土地的经济效益，对我国农村的经济发展有很大帮助。

4）合理进行迁村并屯，改善村庄的公共服务设施水平

在农业实现规模化之后，加快了农业剩余劳动力向其他地方迁移，同时也会进一步加速村庄"空心化"现象的发生。因此应对呈现出"空心化"特征较为严重的自然村实行各因素的优化组合，正确地把人口引向中心村或是发展条件较好并且基础设施相对完善的自然村。如此不仅治理了当前大部分村庄居住空间分散且杂乱的现象，而且又空置出许多宅基地复耕扩大耕地的面积，由此对农业规模化和乡村用地的集约化提供了便利条件。把发展缓慢且"空心化"严重的自然村进行迁村并屯，增加了中心村的人口规模，提升建设用地的土地利用水平，如此就能够把资金投入到中心村建设中，这不仅能够提升基础设施建设的经济性，

还可以实现村庄的公共服务设施最优覆盖半径。如此,不仅资源得到了有效的整合,还节约了资金,而且村民的生产生活环境与条件也得到了提升。

5) 治理河流水系,加强生态环境建设

合理利用自然条件,以自然乡野为主调,对河道两侧进行景观再造,以木材等天然材料构筑生态堤岸,防止河岸两侧水土流失,并为乡村旅游提供健康生态的滨水空间,采用水洗石、卵石、补种水生植物净化水体,凸显"以自然的手法装点自然的环境"的河道整治理念。把村域现状河流划分为 5 米以下的季节性河沟和坑塘以及村域较宽的河道两种类型,分别对河流两边的环境进行治理,河流两岸规划为公共绿地和休闲观光步行道,以自然河流水域风光塑造旅游休闲观光场地;对河道和水质进行整顿,以防污染,且保留出合适的缺口用于附近雨水边沟的排放,提高生态环境建设水平。

10.3　村庄空间环境

10.3.1　村庄用地规模与构成

在东北的严寒区域,其村庄大多是家庭式的生产方式,由于村庄的规模较小同时人口规模较小,使得其耕地距离居住的出行半径较近,近 80% 的村庄其面积低于 40 公顷,然而人均用地面积则相对较高,八成以上的人均面积是 170～3 500 平方米。总体看,东北三省村庄建设规模均以低于 20 公顷的村庄所占比例最大(表 10-7)。村庄以农民的自发性建设为主,围绕村民居住生产而展开,以村民住宅用地(V1)为主,占 50%～90%。公共服务设施等村庄公共服务用地(V2)较少,仅占 0.4%～2%,达不到相关规划标准;商业服务业设施、生产仓储等村庄产业用地(V3)很少见甚至不存在,且比例不均,从 1% 至 30% 不等;基础设施用地(V4)相对适中,所占比例为 10%～30%,但主要为道路用地(V41),而停车场等交通设施用地(V42)、消防环卫等公用设施用地(V43)都极为少见;其他农林用地、空闲地等非建设用地普遍存在,因村庄个体差异较大。有些村庄由于人口较少,广场公园用地规模较大,导致其人均用地面积达到了 667 平方米。

表 10-7　东北地区村庄用地规模分段统计表(单位:个)

省份	20 公顷以下	20～40 公顷	40～80 公顷	80～150 公顷	150 公顷以上
吉林	5 550	1 354	731	337	285
黑龙江	4 460	2 106	1 175	398	324
辽宁	5 805	1 840	1 280	664	428

10.3.2　村庄空间分布

村庄的空间分布受到地形地貌、水系、道路等众多要素影响。在东北地区,村庄大多地势平坦,主要还是传统农业生产形式,经济发展速度平缓。村庄大多数产生于土地资源均匀分布地区,贴近生产耕作的地区也产生村庄,再加上地广人稀,村庄的规模很小,表现出均质离散型分布。受到土地开垦和酷寒天气的影响,农村逐渐产生"田成方,林成网"的大地基质形态。总的来讲,可以将东北地区乡村村庄的空间分布按照地貌特征的不同分为平原地区、丘陵地区和山地地区三种类型。

1)平原地区均衡分布

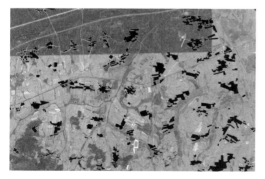

图 10-35　辽宁省大连庄河市青堆镇村庄均衡分布典型示意

东北地区村庄大部分位于东北平原地区,主要包括东北地区的松嫩平原、三江平原和辽河平原地区。在平原地区村庄的分布受地形等障碍物限制条件较少,分布特点主要受乡村村民的生活劳作出行距离影响,在空间上呈现出均衡分布的特征。邻近村庄相互之间的距离为 200～1 000 米,相互之间距离较近,联系方便且对外交通条件较为便利。例如辽宁省庄河市青堆镇(图 10-35),位于辽宁省东部沿海地区,整个镇域范围内地势较为平坦,区内没有明显的障碍物,各村庄聚居点均匀地分布在区内,是东北平原地区村庄分布的典型代表。

2）丘陵地区自由分布

　　自由分布主要是分布在丘陵地区的村庄分布特点。东北地区有广袤的平原和山区,而山区向平原地区的缓冲地带多以丘陵地貌为主,而丘陵地区的特点是以平原为主,局部会出现一些地势较缓和的山包形态,而这部分地区村庄多是围绕在山包周边,在平缓的地带自由分布。例如辽宁省朝阳市泉巨永乡(图 10-36),位于医巫闾山和大黑山之间,乡域内以丘陵地带为主。

图 10-36　辽宁省朝阳市泉巨永乡村庄自由分布典型示意

3）山地地区枝状分布

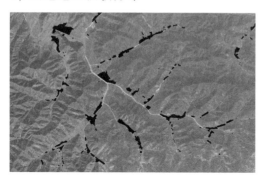

图 10-37　辽宁省营口盖州市暖泉镇村庄树状分布典型示意

　　东北三省从地形特征上看,东西两侧分别是长白山脉和大兴安岭山脉,北侧为小兴安岭山脉,三大山脉沿线分布有较大面积的山林地区,在广袤的山林地区广泛分布着众多村庄,这部分村庄由于受地形条件的限制,多沿着山谷沿线布局且整体规模偏小,一般几十户甚至几户就能构成一个聚居点。由于山谷形态呈树枝状,导致其村庄分布形态也呈现出树枝状分布的特点。如辽宁省盖州市暖泉镇(图 10-37),地处长白山余脉步云山脚下,部分乡村沿山谷分布,形成具有山区特色的枝状分布形态。

10.3.3　村庄空间形态

　　不同的村庄,由于受到的地理区位、气候条件、功能组织、历史发展阶段、区域社会经济发展状况和地域村民生活习俗等许多影响因素的综合作用,从而形成了具有差异的村庄形态,东北地区的村庄由于大部分地处平原地区,村域面积普遍偏大但村庄人口规模普遍偏小,加上以传统农业生产为主,农业现代化发展缓慢,村庄多在土地资源分布均衡的地区就近开展农业生产活动,加之寒冷的气候条件、耕作出行半径、交通可达性等因素影响,在空间集聚程度和村庄布局形态等方面地域性差异明显。村庄在地域形态的延续性发展状态下,表现出卓越的空间聚集度和总平面内轮廓的地域性,这都源于耕作出行需求和地形地貌条件的影响。东北地区乡村村庄形态可以归纳为集中条带状、集中团块状、均衡组团状和分散状。

1) 集中条带状

村庄在空间上呈现出集中分布形态,并以条带状为主,大多情况下依托道路、河流沿线分布,多集中于山地、丘陵地区,包括了直线条带和曲线条带两种模式。受地形限制,通常由单条道路穿过,耕地资源较为匮乏,道路交通服务性较差(图 10-38)。

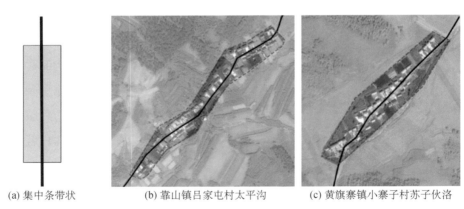

(a) 集中条带状   (b) 靠山镇吕家屯村太平沟   (c) 黄旗寨镇小寨子村苏子伙洛

图 10-38 集中条带状空间形态与典型示意

2) 集中团块状

村庄在空间上呈现集中式分布,分布形态主要以矩形、不规则形为主,受1~2条道路影响,耕地资源相对丰富,道路通常由村庄外部经过(图 10-39)。此形态类型在平原地区分布最为广泛,局部丘陵地区也有少量出现,但是在山地地

区受地形限制数量很少。大部分平原地区该类型村庄多以规则形态为主,丘陵
地区由于受地形限制以不规则形态为主。

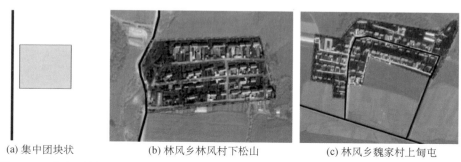

(a) 集中团块状　　　　　(b) 林风乡林风村下松山　　　　　(c) 林风乡魏家村上甸屯

图 10-39　集中团块状空间形态与典型示意

3) 均衡组团状

该形态类型的村庄没有明显的聚集形态,村庄呈现出 2~3 个均衡小团块的
布局形式,团块间距离较近,并且依托道路相联系(图 10-40)。该类型的村庄在
丘陵地区分布最为广泛,平原地区和山地地区也有出现。

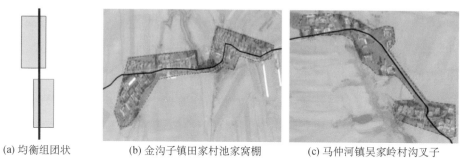

(a) 均衡组团状　　　　(b) 金沟子镇田家村池家窝棚　　　　(c) 马仲河镇吴家岭村沟叉子

图 10-40　均衡组团状空间形态与典型示意

4) 分散状

村庄没有明显的聚集形态,表现为小团块分散分布,村庄内部联系较弱,不
利于村庄集聚发展,渗透性较强,主要分布在一些平原的牧区、山区以及丘陵地
带。零散布局型村庄普遍经济发展水平较低,基础设施和公共服务设施普遍缺
乏(图 10-41)。

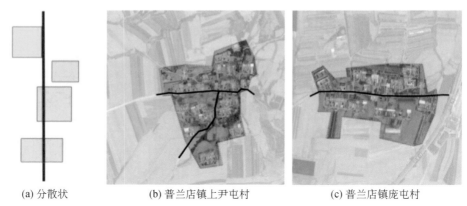

(a) 分散状   (b) 普兰店镇上尹屯村   (c) 普兰店镇庞屯村

图 10-41   分散状空间形态与典型示意

10.3.4   村庄道路肌理

由于村民日常生活主要围绕农业生产及相关需求进行,为兼顾生产生活需求,村庄道路多以平直为基础,以自然式道路为主,受不同地区地形影响较大,地域差异明显,一般东西向道路较多,普遍缺乏南北向道路,往往形成以南北为主轴的梳式、竹排式和叶脉式的路网结构。村庄住宅通常为单层行列式、南北朝向、大间距和独立式布局形式;一些村庄比邻郊区,其形式也是各有不同的。建筑空间相对紧密、交错繁杂,建筑密度大部分为 15%～20%;然而特别远的村庄存在经济不发达、虽土地资源丰富但管理不系统,以至于建筑类型变化少、肌理涣散,建筑密度普遍较低多为 5%～15%。村庄绿化景观以农田和菜地这类生产型绿化为主,但是,生态型绿化景观的配置数量不多,仅存的绿化多数是剩下的兼顾防风功能的林带,分布状态分为点状、单线状等零散形式。街道很多为直线式,视野辽阔,以院墙、建筑还有部分行道树为要素,把街道划分成院墙限定式、建筑限定式还有混合限定式。村庄街道空间除行车外,两侧成为了居民养殖牲畜、存放柴火稻草的地方,而且还具备儿童游戏和交往等公共活动功能。

1) 自然式道路

由于经济实力和管理能力薄弱,导致村庄道路缺乏统一的规划和建设,道路

的走向与形态主要由村庄地区水系、
地形、植被等自然条件所决定,路网
结构较随意,村庄道路局部较为平
直,但整体形状曲折多变,由于东北
地区冬季寒冷漫长,为了抵御寒风
侵袭,故村庄南北向道路布置较少,
东西向道路数量较多,这种自然扩
张的道路导致部分地区通达性较差,
村庄住宅分布在道路两侧,造成村庄
布局较混乱,土地利用率较低
(图 10-42)。

图 10-42　自然式道路示意

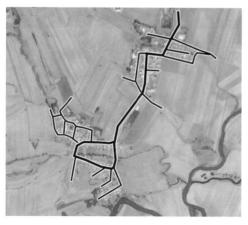

图 10-43　尽端式道路示意

2) 尽端式道路

　　尽端式道路是由于东北地区地
形、地貌、水系等地形因素限制,或由
于村庄面积较小,通达性需求较小而
形成的村庄道路形式,在东北地区的
山区尤为常见,主要表现为村庄布局
在尽端式道路末端,这种道路形式导
致村庄与外界的连通性极差,不利于
村庄与外界的物流、人流流通。从而
阻碍村庄的良性发展,因此尽端式道
路为主要道路的村庄很难形成规模(图 10-43)。

3) 竹排式道路

　　此类道路的村庄主要分布在东北的平原地区,村庄的形态和发展没有外部自
然因素限制,村庄多呈集中式建设,外部形态较为规则,村庄道路以东西行列式为
主,由多条南北向道路贯穿,从而形成类似竹排一样的规则路网结构(图 10-44)。

4）叶脉式道路

　　在东北丘陵地区常见这种路网结构,受地形影响,村庄道路沿着谷地顺势延伸,形成类似于叶脉的网状结构,这种路网多为自发式形成,受地形因素影响较大,且道路多为曲线,不利于生产生活活动及交通运输(图 10-45)。

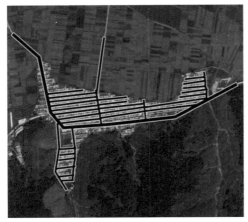

图 10-44　竹排式道路示意　　　　　　　　图 10-45　叶脉式道路示意

第11章　东北国有农林场人居环境

　　东北作为国家重要粮食基地,其国有农场、林场是乡村地区较有特色的空间:从产业分工角度来讲国有农林场均从事第一产业生产,属于农业地区;从空间规模上来讲国有农林场的尺度普遍远大于一般的乡村;从居住环境和人员福利待遇角度来讲,国有农林场工作人员均享有国有企业工人福利待遇,生活在统一建设的聚居点内,其居住环境与城镇环境更为接近。所以本书将东北地区国有农林场的人居环境独立成一章讨论。

11.1　国有农林场发展历程

　　我国国有的农林场是集种植业、林牧业、林木业、养殖业为一体的经济单位。国有农林场多数创建于20世纪五六十年代,是我国实行社会主义计划经济体制的产物,在当时承担着绿化造林、开垦荒山、生产发展与安置归国难侨等任务。作为我国经济发展的重要环节之一,国有农林场对我国经济发展起到了巨大的推动作用。

　　新中国成立初始,为了恢复生产、巩固国防安全,安置转业官兵、稳定人民政权,国家决定组织军队参加农业生产。各级人民政府接管了旧中国遗留的50多处林场,改为国有林场。到1956年年底,中国的国有农场已初具规模,与1949年相比,农场数量由58个增加到746个,增长约12倍;耕地面积由34.04千公顷增加到251.84千公顷。随后十年,为满足国家大面积开荒、发展农业林业经济的要求,全国国有农林场呈快速增长趋势,到1966年,国有农场的发展到达一个高潮阶段,全国建成农场1 958个,农场职工共计292.77万人,耕地面积达到3 454.57千公顷。之后,受"文化大革命"的影响,国有农林场发展进入曲折发展阶段,被下放到大队、公社或者县的国有林场数量达到总数的83%。无计划生产、无经济核算、无职工考核与无定额劳动的混乱局面取代了原有的技术规章、规划与管理制度。除此之外,国有林场的土地被肆意侵占,树木被私自砍伐,这

些都导致了国有林场的经营面积、森林蓄积量以及有林地面积的大幅度减少,山
林权属纠纷屡见不鲜。截至 1976 年,国有林场经营总面积只有 230 万公顷。改
革开放之后,受国外成功经验启发,国有农林场引进开发优良种苗、优质树种、新
型营林技术和森林产业方面的新技术、新项目,兴办多种产业,拓宽了发展空间,
到 20 世纪 80 年代末,基本上形成了国有农场统一经营和家庭农场分散经营相
结合的大农场套小农场双层经营体制。2015 年,全国国有农场数量 1 785 个,职
工 287.7 万人,耕地面积 632.54 万公顷;东北三省内国有农场 310 个,职工
58.3 万人,耕地面积 318.8 万公顷,成为全国国有农林场的典型代表地区之一。

11.2　东北国有农林场生活环境

国有农林场的组织形式可以理解为,以生产生活、经营管理为主要目标,内
部自发组织协调、分工配合,且与外部社会保持紧密联系,在此基础上实现自我
运转。同时,国有农林场的制度形式可以理解为,在一定制度背景下,由包括国
家政策、地方性法规等在内的正式制度与包含地方文化、历史、传统以及职工在
内的非正式制度所组成的合集。农林场在进行生产经营的同时,还要负责发展
教育、文化、医疗卫生、交通等事业,负责解决日常生活、农村管理、社会治安等
问题。

11.2.1　居住环境

计划经济时代,在房屋统一建设和统一分配的管理体制下,东北地区国有农
林场的居住单元强调的是统一体制下的无差别居住空间,即户与户之间都是基
本相同的。每间宽 3 米,由 6 至 10 间构成一个行列式的居住单元,无论是分场还
是集镇上的平房或二层楼房,均以此为基本单元进行建造。农场建设初期,普遍
存在着一间房屋中居住不止一户人家的现象;从 20 世纪 70 年代开始,基本实现
了一间房屋只居住一户人家;到 20 世纪 90 年代后,在房屋私有化的背景条件
下,一些富裕的住户举家搬迁到集镇选择更好的居住生活环境,这导致农林场中
出现许多空闲的房屋,这些空闲房屋被再次分配,于是出现了 2～3 间住房只居

住一户人家的现象(图 11-1)。在集镇上,居民采用沿街排列的方式,在原有的住宅之上新建了二层小楼。随着国有农林场的不断发展,职工对于民居的空间与功能的要求也在不断提高。对于房屋本身来说,其进深方向被不断延续,而对于外部居住空间来说,在房屋的北侧,一般会建设出独立的内部庭院。居住房屋的入户门都是朝南的,居住者从房屋中走出,即是开敞的室外场地,从邻居的门前路过,互相打个招呼;晴天衣物的晾晒,或者是农作物在房屋前的晾晒,各个住户也都闲聊几句;天气好时,小孩子在家门前写作业,家长在编织毛衣;吃晚饭时,都端着碗筷出来谈谈家常,或者在室外的棚子下进餐。农林场随着企业的生产规模不断扩大,周边的生活服务功能也不断拓展,逐步形成了融企业政治、经济、文化、科技、卫生、生活服务于一身的场部,随着农林场的规模扩大还会形成分场居民区。

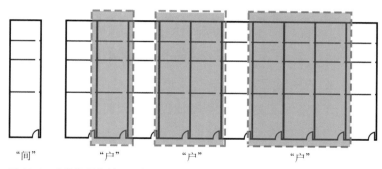

图 11-1　农林场居住单元示意

11.2.2　教育环境

东北地区国有农林场的教育功能是伴随着农场和林场的建立而发展起来的。最初是为了解决农林场职工子女受教育的问题,办起了小学、中学,同时,为了提高职工的文化水平,办起了扫盲班、业余中小学、业余中专和大学。到 60 年代,学校教育和成人职业教育体系初步建立起来,改革开放以来,为了加快提高农林场青年和职工的文化水平和职业技能,东北地区国有农林场在发展基础教育的同时,职业教育和成人教育也获得大的发展。此外,自国有林场建场伊始,便开始结合生产实践进行大量包括征地方法、幼林抚育、间伐、树种引进、低产林改造、良种繁育、育苗等多个领域的实验,并探索出了一系列先进技术。推向社会进行的大量实践检验证明了这些技术不仅实用性强,且能取得良好的效益。一些国有农林场通过与科研与教学单位共同承担相关领域科研课题,在理论研究成果上取得了大量突破性成就。

11.2.3 医疗养老环境

东北地区国有农林场的医疗卫生机构主要由各级医院和卫生防疫站组成,医疗体系与预防体系共同构成了国有农林场的医疗卫生体系,且其自上而下的医疗卫生网络也已经发展成型。同时,承担着如妇幼保健所、地方病防治所、结核病防治所、血防站等机构防疫任务的农林场卫生防疫机构建设也初具雏形。如 2013 年末黑龙江垦区共有各级各类卫生机构 1 570 个,其中综合医院 124 所,专科医院 1 所,疗养院 1 所,卫生监督所 118 个,妇幼保健院 97 所,全垦区现有社区卫生服务中心 113 家,其中创建示范社区卫生服务中心 9 所,社区卫生服务站 422 家。几十年来,农垦医疗事业的大力发展,为农垦职工以及周边地区居民的防病与治病做出了积极的贡献,极大程度地提高了人们的生活质量与健康水平。但目前场部医疗设施普遍集中于场部中心,对于分场职工以及居民来说存在着医疗设施分配不均的问题。

11.2.4 休闲娱乐环境

为提高职工群众的文化生活水平,近些年来东北地区各农林场增加投入,建立了大量的文化娱乐设施。以黑龙江省为例,垦区建设了对外开放的博物馆、文化馆、图书馆、社区、管理区综合文化活动室、文化广场和主题文化公园等。除此之外,各个垦区还建立了职工活动俱乐部、电影院、小剧场、文化馆、图书馆、歌舞广场、运动广场、职工之家等多种多样的文化与体育设施与场所。在群众文化活动的蓬勃发展的推动下,组建了由 5 个专业文艺团体组成的中国农垦艺术团以及大量热爱文艺的业余文工团,涌现出了大量优秀的歌唱家、画家、作家等文艺与文化工作者以及大量优秀的运动员,"军垦文化""北大荒文化""绿洲文化"等自成一格的农垦文化誉满全国。目前场部娱乐设施的分布存在一定问题,首先用地主要集中在场部中心,其次一些公共建筑的规模比较小、标准偏低,不能满足场部快速发展以及职工日常的需求,对场部的城镇风貌也有一定影响。

11.3　东北国有农林场生产环境

11.3.1　国有农场生产环境

　　东北地区 2015 年国有农场共有 310 个,占全国的 17.33%,职工数为 58.3 万人,占全国的 20.26%,耕地面积占全国的 50.41%,农业机械化程度较高。辽宁省国有农场 109 个,职工 23.7 万人,耕地面积 161 千公顷,农业总产值 177.3 亿元,占全国比例的 5.1%;农业机械总动力 120 万千瓦,农用载重汽车 1 291 辆,小型及手扶拖拉机 1.2 万台,中大型农用拖拉机 4 489 台。吉林省国有农场 88 个,拥有职工 4.1 万人,耕地面积 125.3 千公顷,农业总产值 37.4 亿元,占全国比例的 1.1%;农业机械总动力 110.8 万千瓦,农用载重汽车 4 074 辆。黑龙江省国有农场 113 个,职工 30.5 万人,耕地面积和农业总产值在东北三省内最高,分别为 2 902.0 公顷和 957.4 亿元,占全国比重的 45.9% 和 27.8%;农业机械总动力 980.4 万千瓦,中大型农用拖拉机 7.3 万台,小型及手扶拖拉机 5.6 万台,农用载重汽车 5 802 辆(表 11-1)。

　　农场土地利用以农业用地,尤其是种植业用地为主,林、牧、副、渔业用地比例较小。东北三省国有农场耕地面积占全国总量的一半以上,其中黑龙江省更是占比 45% 以上(表 11-1),具有优异的农业生产基础条件。就东北三省国有农场的农业生产基础而言,目前以玉米、谷物、稻谷等粮食作物为主,粮油作物产量占全国的 18.86%,其中玉米产量是全国国有农场玉米产量的 33.6%(表 11-2),是我国最重要的商品粮基地和粮食战略后备基地。以黑龙江省国有农场为例,截至目前,可为国家提供商品粮 2 000 万吨以上,可满足 1.3 亿城镇人口一年的口粮需求,凭借优异的农业生产基础和先进的生产技术,已成为我国耕地面积最大、现代化程度最高的粮食主产区,有"国家大粮仓"的称号和美誉。黑龙江省国有农林场主要分布于小兴安岭南麓、松嫩平原和三江平原地区等平原地区,境内

表 11-1　东北地区国有农场基本情况一览表

分类 年份	农场数（个）		职工数（万人）		耕地面积（千公顷）		农业机械总动力（万千瓦）		农用载重汽车（辆）		化肥用量（万吨）		现价农业总产值（万元）	
	2014年	2015年	2014年	2015年	2014年	2015年	2014年	2015年	2014年	2015年	2014年	2015年	2014年	2015年
辽宁	109	109	24.5	23.7	154.0	161.0	118.0	120.0	1 523	1 291	10.1	11.6	1 926 306	1 772 907
吉林	88	88	3.4	4.1	123.8	125.3	106.6	110.8	4 056	4 074	8.0	4.0	363 124	373 545
黑龙江	113	113	35.3	30.5	2 892.3	2 902.0	931.0	980.4	4 809	5 802	59.3	58.7	9 655 405	9 573 789
合计	310	310	63.2	58.3	3 170.9	3 188.5	1 155.7	1 211.3	24 102	22 786	77.4	74.3	11 944 835	11 720 241
全国	1 789	1 785	299.2	287.7	6 242.7	6 325.4	2 725.9	2 838.3	89 008	83 576	273.2	269.9	34 152 330	34 496 657
东北占比	17.33%	17.36%	21.13%	20.26%	50.79%	50.41%	42.40%	42.27%	27.08%	27.26%	28.33%	27.53%	34.98%	33.98%

资料来源:《中国农业统计年鉴(2016)》。

表 11-2　东北地区国有农产基本情况一览表(2014 年)(单位:万吨)

省份	粮食					甜菜	烟叶	水果
	谷物	稻谷	小麦	玉米	油料			
辽宁	1 674.8	451.5	2.8	1170.5	63.7	10.1	3.4	870.6
吉林	3 420.8	587.6	0.1	2 733.5	85.7	6.4	5.4	229.7
黑龙江	5 665.5	2 251.0	46.6	3 343.4	17.1	41.1	8.4	258.7
合计	10 761.1	3 290.2	49.5	7 247.4	166.5	57.6	17.2	1 359.1
全国	55 740.7	20 650.7	12 620.8	21 564.4	3 507.4	800.0	299.4	26 142.2
东北占比	19.30%	15.90%	0.30%	33.60%	4.70%	7.20%	5.70%	5.20%

资料来源:《中国统计年鉴(2015)》。

有黑龙江、乌苏里江、松花江、绥芬河四大水系,共有湖泊等 6 000 余个,水域面积 80 万公顷以上,年降雨量 70% 集中在农作物的生长期,具有丰富的农业生产水资源条件。作为世界三大黑土地带之一,其黑钙土、黑土等土质占耕地的 60% 以上,高含量的土壤有机质为发展绿色有机种植提供重要环境。现有国有农场全年种植绿色有机农作物共 220 多万公顷,其中绿色食品作物种植面积约为 199 万公顷,占垦区种植面积 69.2%,有机作物种植面积 21.5 万公顷,占垦区种植面积 7.5%。绿色食品获证企业 104 家,有效使用绿色食品标志产品数 288 个;有机农产品企业 72 家,有机农产品达到 278 个;无公害农产品产地认定面积 267 万公顷,无公害农产品 480 个。

11.3.2　国有林场生产环境

东北三省地处大小兴安岭和长白山脉地区,广袤的山地丘陵地区孕育丰富的林地资源,三省的森林覆盖率均在 40% 左右,远高于全国 21.63% 的平均水平,国有林场数目更是占全国的近 20%,活立木蓄积量和森林蓄积量均占全国的 18% 以上,东北地区乡村除了为国家贡献粮食生产功能以外,更是为国家提供优异的生态服务功能(表 11-3)。

东北地区国有林场将绿化荒山、培育森林资源作为主要任务,始终致力于育树造林。70 多年间,几代林场职工埋头苦干,欣欣向荣的林海终于取代了从前的荒山,残次林也重新焕发出生机,经过几代人的努力,培育森林资源的成效卓著。

对国有林场自身优势进行挖掘,充分利用其土地资源、矿产资源与森林旅游资源
优势,大力调整产业结构,多种经营模式共同发展,完成由开放生产经营代替封
闭生产经营、由造血型单位替代依靠国家投资的输血型单位的转变。林场兴办
产业种类繁多,包括纺织、养殖、种植、加工、建材、采掘、旅游、电子、机械、医药、
服务业和商业等多种门类,数量近万。以黑龙江省林业为典型案例,黑龙江省林
业以打造"森林垦区"工程项目作为重点,全面实施林业生态护农工程、农垦城镇
森林亮化工程和林业产业富民工程,可以看到垦区园林化的档次明显提高,林业
产业也因此得到了稳步增长。2015 年累计林业增加值 5.6 亿元,与上一年同期
的相比增长 25.6%。当年城镇暨管理区绿化覆盖率达到 39%,同比增长 1%,区
域森林覆盖率达 18.4%。其中完成造林绿化 555 万公顷,绿色通道651 公里,新
建义务植树基地 317 个,完成农牧田防护林带 1 078 条。全年未发生大规模的森
林或草原火灾,控制森林过火面积不超过 0.5%、林业有害生物成灾率不超过
2.9%、森林病虫害防治率超过 90%(表 11-3)。

表 11-3　东北地区森林资源情况一览表(2014 年)

省份	国有林场数(个)	林业用地面积(万公顷)	森林面积(万公顷)	森林覆盖率	活立木总蓄积量(万立方米)	森林蓄积量(万立方米)	造林总面积(万公顷)
辽宁	178	699.89	557.31	38.24%	25 972.07	25 046.29	22.60
吉林	311	856.19	763.87	40.38%	96 534.93	92 257.37	10.90
黑龙江	403	2 207.40	1 962.13	43.16%	177 720.97	164 487.01	10.10
合计	892	3 763.48	3 283.31	41.59%	300 227.97	281 790.67	43.60
全国	4 511	31 259.00	20 768.73	21.63%	1 643 280.62	1 513 729.72	555.00

资料来源:《中国林业统计年鉴(2015)》。

11.4　东北国有农林场生态环境

11.4.1　农林场的生态资源

1) 土壤生态

　　东北黑土区是全球仅有的三个黑土区之一,是我国最高质量耕地,我国最重

要的粮食主产区,其中 31.2% 耕地为最肥沃的黑土。黑土区包括黑土、黑钙土和草甸土,土壤有机质为 3%～10%,是黄土的十倍左右,黑土土层深厚,灰黑色腐殖质层厚约 30～100 厘米,黑土地带适宜种植大豆、小麦、玉米等作物。黑土在东北地区北面主要分布在嫩江、讷河、克山、德都、北安一带,南至双城、五常并延伸到吉林省,西与松嫩平原的黑钙土、盐碱土接壤,向东延伸到小兴安岭和张广才岭、老爷岭等山间谷地。黑龙江省位于东北地区耕地质量最高的松嫩、三江平原,黑土面积占全省耕地面积 31.24%,耕地质量在全国屈指可数,是黑土面积占耕地比例最高省份。由于自然因素和人类长期不合理的开发利用,水土流失、土壤污染、土壤板结等问题日趋严重,东北黑土区耕地面临着严峻的挑战。风力侵蚀、冻融侵蚀等自然原因使黑土层逐渐变薄,人为的开垦,过度、不合理的利用使黑土区耕地肥力下降。不科学的耕地利用模式更加剧了自然侵蚀对土地资源的影响,人口增长对粮食的需求量增加以及技术发展缓慢等因素带来化肥的过量使用、深耕等耕地利用方式,使土壤板结,土壤有机质含量不断下降,保水保肥能力下降。

2) 空气生态

随着城市雾霾污染范围不断扩大,以及都市空间生活紧张和压力的增加,越来越多的城市居民向往清新的空气、广阔自由的生活空间和贴近自然的生活方式,东北地区的农林场皆远离闹市,地旷人稀,视野开阔,周边山峦起伏,场内湖光春色,自然特色鲜明。林木作为环境中重要的一部分,具有净化大气、防风固沙、涵养水源、滞尘、抑菌等作用,能显著改善环境质量,良好的植被吸收了空气中的大量有害气体进一步净化了空气,林区空气中的二氧化硫等有害气体极少,尘埃含量较低,同时植物吸收二氧化碳,释放氧气,使得空气中的负氧离子含量高,负氧离子具有杀灭细菌、净化空气、调节小气候的作用,对于人体能够起到预防疾病的保健作用,有利于身体健康,因而被称作空气生长素和空气维生素。随着人们健康意识的不断增强,森林中富含的具有保健功能的负氧离子被人们熟知,农业与林业结合旅游业的生态旅游模式成为热门的旅游项目,例如森林生态旅游、休闲农场养生、森林浴等活动越来越受到游客们的青睐。

3）生物生态

东北国有农林场集植业、林牧业、林木业、养殖业为一体的特性，体现了生物物种的多样性，随着城镇化、新型工业化的发展、自然灾害、经营方式不当等原因，农林场生物多样性减少，农业生态系统萎缩、结构失衡且愈加简单化、脆弱化。东北地区农作物病害主要有灰斑病、细菌性斑点病、霜霉病等。特别是大豆生产上的毁灭性病害、国家重点对外检疫对象——疫霉病，已在黑龙江大豆产区为害。如果忽视检验检疫工作，一旦使疫霉病和其他检疫性病害传入、扩散，土地就会变成"癌症田"，我们将为此付出巨大的资源与环境代价。近年来，虫害在东北地区呈快速发展之势。2004 年大豆蚜虫在黑龙江暴发，导致重大产量、质量损失。在虫害比较严重的一些农场，田间百步惊蛾上万头，个别高达 5 万头，严重影响产量和商品质量。原来油菜籽曾是黑龙江主要轮作作物，但由于小菜蛾的爆发出现，油菜连年绝产，油菜籽被迫退出了轮作体系，在本来适栽作物就不多的情况下，又失去了一个主力经济作物品种。

4）水生态

林木能够涵养水源、保持水土，因此水源林能对净化水质、减洪、滞洪及地域旱涝灾害等发挥很大的防护作用。东北地区林场生长繁茂的林木组成林冠植被层和疏松深厚的林地土壤结合起来使生态系统取得最大的水文生态效益。林冠层对降水进行主要的水量分配和平衡，所截留的降水直接蒸发到大气中，其余部分都渗入林地土壤层。林地表面的枯枝落叶可以防止雨滴击溅土壤，降低流速，过滤泥沙，促使地表径流变为地下径流。森林土壤是很重要的林地层组成部分，为林木根系和土壤相结合。在森林生态系统内是巨大的水分贮蓄库和水文调节器。在土壤毛细管孔隙内的水分是按毛细管物理规律运转，水分被植被根系吸收后，为植物提供体内生理功能用水，最后多余的部分由林木蒸腾作用回归大气中。水源林具有防洪保土、补给河川径流的作用，它犹如一个精密的水分调节系统，对防治水害、充分利用水土和其他资源、发展水利发挥出巨大作用。

5）景观生态

自然景观、耕作景观与经营景观共同组成农林场的主要景观生态，随着人们对生态保护意识的提高及越来越多生态农场的建设,对生态林乔木层生物、珍稀植物、地形地貌条件、水域风光、耕作面积、田园风光、农业创意景观等的保护逐渐重视,对农场服务设施、农耕设施等逐步提高。东北地区被开垦以来,大量湿地转为耕地,从中部向东部面积不断扩大。由于湿地转耕地,集中抽水以及水利建设使水域和建筑用地集中分布,景观破碎度降低。特别是 20 世纪 70 年代后,随着开垦力度增强,缺乏统一规划致使居民点增多,建筑用地空间上分离,景观破碎度逐渐提高。同时,人为开垦导致部分湿地性河流出现萎缩和干涸,水域破碎度增加。林地先减少后增加再减少,草地先增加后减少再增加,景观类型的巨大变化与当地的政策、经济、人口有很大的关系。随着大量人口的迁入,森林砍伐以及水利工程规模扩大,水域面积总体减少,建筑用地总体增加。由于耕地和林地的频繁转化导致草地空间上分离,无法成片分布,开垦对林地和草地的生态敏感性呈现增加的趋势,开垦导致林地与草地土壤可蚀性增加,水土流失敏感性增强,林草地出现退化。

11.4.2　生态功能的主要问题

近年来东北地区农林场生态环境呈现出逐渐退化的趋势,主要表现在土壤理化性质降低、生物危害日益严重、化学污染逐渐加重等方面。

东北黑土区垦殖历史长达 200～300 年,原生植被为杂草类草甸或疏林草甸,有机质积累速度大于消耗速度,在人类活动与自然因素影响下,水土流失和生态环境问题日趋严重。据第二次全国水土流失遥感普查,黑龙江省水土流失面积 11.2 万平方千米,其中 51% 流失面积为耕地,达 5.67 万平方千米。每年流失掉的土壤氮磷钾相当于 500～600 吨化肥的养分,每年因水土流失少收粮食 20 亿～25 亿公斤。除了自然侵蚀之外,东北黑土区耕地资源在过度开发中不断损坏,一些农场对农田生态环境保护重视不够,掠夺式开发利用,土地用养脱节,致使土壤板结。东北地区一部分大型农场地广人稀,化学除草是用来防除田间杂草的主要方式。然而,随着轮作制度的改变与使用时间的延长,田间杂草产生了耐药性,加速其群落演替与种群变化,致使危害不断加重。一些杀虫剂和除草剂,不仅破坏农田生物生态平衡,而且通过食物链转移到人体内,诱发基因突变,导致肿瘤等疾病发生。还有一些农场采用覆膜的方式种植农作物,却无法将废弃地膜清理干净,残留于土壤之中的地膜影响土壤的通透性,造成十分严重的生态危害,而且,地膜需要几十甚至上百年的时间才能完全降解,产生的生态危害是长期存在的。东北地区一些市县农耕区的土地已出现沙化、盐化,有的土地已不适合种植粮食作物,被迫退耕还草还牧,城市化进程中珍贵的黑土资源转变为建设用地,彻底失去了种植能力。20 世纪 90 年代实施退耕还林等政策后,农场生态脆弱性指数增加速度减缓,并出现好转趋势。说明开垦是影响区域生态脆弱性变化的关键因素,而合理的农田管理措施与退耕还林政策能降低区域生态脆弱性,使得区域生态环境出现好转。同时研究发现,生态环境较为脆弱的区域主要位于林地—耕地—草地交界处,这一区域抵抗力较差,容易受到人类干扰,开垦程度加深或是环境变化,都会加剧该区域脆弱性程度,应该作为限制开发区域,减少人类活动干扰。而农场粮食生产的核心区域均为三级生态脆弱区,因此建议对这一区域加强保护,适度开发,改变耕作习惯,倡导科学管理农业生产,以保持或降低生态脆弱性。

11.5　东北国有农林场空间环境

11.5.1　空间规模与构成

由于自然因素、地形地貌因素和人口分布的原因,辽宁省、吉林省和黑龙江省不同区域农林场规模差异较大。大型的农林场面积可达到 100～300 千公顷,小型农林场约 3～5 千公顷。

2015 年统计数据显示,隶属于辽宁省政府和吉林省政府的国有农林场共 686 个,多数为中小型农林场。黑龙江省共有 403 个国有林场,隶属于农垦总局的国有农场共 113 个,由牡丹江管理局、建三江管理局、宝泉岭管理局、红兴隆管理局、北安管理局、哈尔滨管理局、九三管理局、齐齐哈尔管理局和绥化管理局分别管理。40 千公顷以下的中小型规模农场共有 54 个,占黑龙江农场总数的 48%。40～80 千公顷的中型农场共 43 个,占农场总数 38%。80 千公顷以上的大型农场共 16 个,占比 14%。中大型农场多处于黑龙江省东部的建三江管理分局、红兴隆管理分局、牡丹江管理分局及宝泉岭管理分局。中小型农场多处于辽宁省、吉林省及黑龙江省西部的齐齐哈尔分局、哈尔滨分局、北安分局、绥化分局及九三分局。

　　中小型农林场以黑龙江省江川农场和辽宁省五四农场为例。江川农场辖区总面积 31.1 千公顷，下辖 5 个管理区，18 个作业站及林业、渔业、工业、商贸、交通、基建、水利、文教、卫生等 42 个基层单位。近年来，江川农场认真落实总局党委提出的"强工、兴城、优农"发展战略，科学规划出了"东山、西园、南渠、北江、中城"的发展格局；建设了总局级工业园区，共占地 130 公顷，仓储能力 5 万吨，年加工稻米能力 50 万吨；建成了 124 千米白色路面，实现了农场各作业站之间的"站站通"。在农业生产上，机械总动力达到 8.3 万千瓦，实现了全程机械化，高标准良田建设全部完成。五四农场全场总面积 4.3 千公顷，其中水田面积 1.23 千公顷，港湾养殖面积 0.8 千公顷，滩涂面积 1.06 千公顷，浅海面积 0.8 千公顷。五四农场打破传统的水稻经营模式，成立"五四农场"两个大米品牌，并签约成为农垦农产品质量安全追溯单位（图 11-2，图 11-3）。

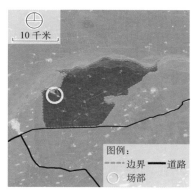
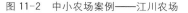
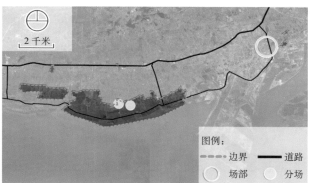

图 11-2　中小农场案例——江川农场　　图 11-3　中小农场案例——五四农场

　　中型农林场以黑龙江省饶河农场和共青农场为例。饶河农场土地总面积 73.33 千公顷，其中，耕地 32.67 千公顷，林地 21.33 千公顷，水面 4.49 千公顷，可垦荒地 8.27 千公顷，其他土地 6.8 千公顷。农场地处仅有的四条未经工业污染河流之一的乌苏里江流域，具有得天独厚的生态自然环境优势。饶河农场是机械化发展较早，生产和管理水平较高的集产加销、贸工农、林牧畜综合经营于一体的现代化农业企业,农场具有良好的外贸地缘优势,饶河口岸是对俄哈巴州唯一的水运和冬季过货的国家一类口岸,农场有对俄小额贸易进出口权,年完成外贸进出口总额 700 万美元以上。共青农场占地 57.3 千公顷,拥有 32.67 千公顷耕地,是国家级生态示范区;是欧盟 IMO、日本 JAS、美国 NOP 有机认证基地;是全国首批"良好农业规范认证"示范基地。农场内产业园区规划面积 0.5 千公顷,分为六大园区,在产业园区发展上,重点聚焦"石墨加工项目、有机肉类食品加工项目、候鸟式养老项目、电商及物流平台项目、文化旅游产业开发项目、农产品类加工项目、新能源项目、农机具制造与组装加工项目"八大产业项目。(图 11-4,图 11-5)

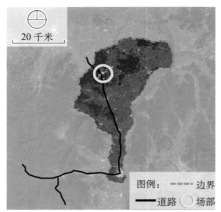 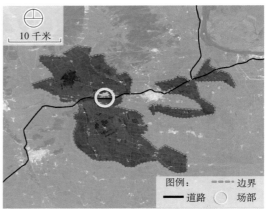

图 11-4 中型农场案例——饶河农场　　　图 11-5 中型农场案例——共青农场

大型农林场以黑龙江省龙门农场和五九七农场为例。龙门农场地域广阔,东西长 29 千米,南北宽 21.5 公里,总面积 384.2 千公顷,有耕地 13.27 千公顷。全场下设五个管理区,10 个工商运建服企业。有汉、满、回、蒙、高山族、达斡尔族等 6 个民族。龙门农场是集种、养、加工于一体的国有农场。种植业主要以小麦、大豆、亚麻为主栽作物,养殖业主要以"两牛一羊"为主,加工业主要以亚麻加工为主,目前有兴安亚麻有限公司,此外还有 4 家个体亚麻加工厂。五九七农场的辖区面积 96 千公顷,农场耕地面积 42.67 千公顷,林地 7.53 千公顷,以及1.7 万公顷的长林岛国家级自然保护区和 3.3 千公顷果林基地。全场下辖 6 个农业分场、46 个农业生产连,现有耕地 40 千公顷,全场林地 8 千公顷,草原面积

22.67千公顷。农场开辟了2个工业园区,大力扶持民营工业发展,截至目前,全场拥有工业企业58家,其中弘盛粮油加工有限公司成为省级"重点农业产业化龙头企业";长林岛肉牛养殖基地是垦区规模最大、标准最高的集约化肉牛养殖繁育基地,并被列为国家级"乳肉兼用牛"科研示范基地(图11-6、图11-7)。

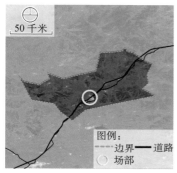 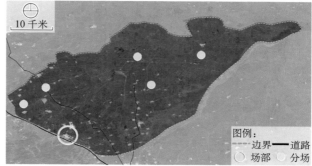

图 11-6　大型农场案例——龙门　图 11-7　大型农场案例——五九七农场
农场

11.5.2　空间分布与形态

新中国成立初期,为了加快森林资源的培育、提高农业生产、保护和改善生态环境,国有农林场是由国家投资在重点平原地区和大片毗连的国有荒山荒地上建立的农林业机构。东北国有农场主要分布在东北平原地区,包括松嫩平原、辽河平原和三江平原,由国家投资并大规模组织人力围垦,随后在开垦的土地上建立一系列生产、管理组织,在国家计划指导下从事生产经营活动,承担提供粮食、工业原料、副食品等职能。东北国有林区是指辽宁、吉林、黑龙江等省份范围内的国有天然林区,主要分布于大、小兴安岭、长白山等地,是东北亚地区的天然生态屏障,也是我国重要的森林资源储备基地与木材及木材产品生产基地,由于这里有着丰富的野生动植物资源,因而成为了我国生物多样性的重要组成部分(图11-8)。

通过归纳实践资料和东北地区乡村统计数据,农林场空间结构基本可分为集中规则型、集中条带型和分散型布局。

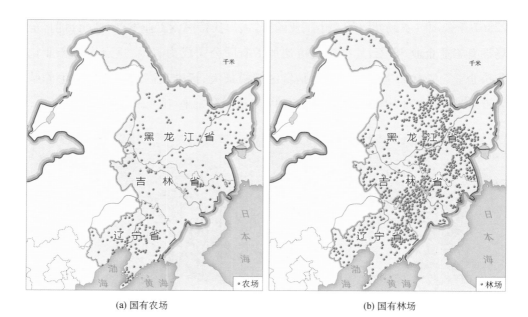

(a) 国有农场   (b) 国有林场

图 11-8   东北三省国有农林场分布示意

1) 集中规则型

　　集中规则型农林场主要分布在平原地区。随着企业的生产规模不断扩大，周边的生活服务功能也不断拓展，交通便捷，内有国道和省道穿过，生产空间围绕居住空间，在国有农林场群集中的中心区，逐步形成了为农林场提供保障服务的局直、场直生活服务区域，进而不断地发展成为融企业政治、经济、文化、科技、卫生、生活服务于一身的小城镇。集中规则型空间形态的农林场有一个中心场部，随着产业规模的扩大，部分农林场会形成几个分场居民区，例如黑龙江省创业农场和七星农场(图 11-9)。

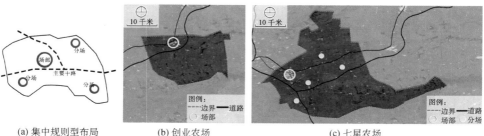

(a) 集中规则型布局   (b) 创业农场   (c) 七星农场

图 11-9   集中规则型农林场

2) 集中条带型

　　集中条带型农林场主要沿河谷或沿山脉分布。一小部分是沿着交通道路形成的农林场,大部分是以水稻种植业和水产养殖业为主要产业的农场,和沿长白山山脉、小兴安岭山脉、大兴安岭山脉形成的林场,这些农林场都受地形地貌条件的影响而形成条带型的空间形态模式。这种空间形态的农林场距离市区较远,交通不便,远距离生产受限,例如黑龙江省宽余林场和辽宁省五四农场(图 11-10)。

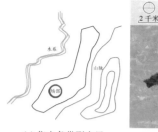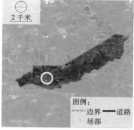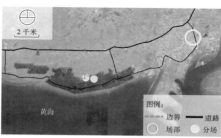

(a) 集中条带型布局　　　　　(b) 宽余林场　　　　　　　　　(c) 五四农场

图 11-10　集中条带型农林场

3) 分散型

　　分散型农林场多位于市界、县界交汇处。由于地方城市管理区域与农垦管理区域参差交错,同一农垦分局所属的农场常常分布于多个县市内,同一农场地域空间亦常被地方县市边界切割分散,导致整个场区被分成几部分镶嵌式分布在县城四周。例如黑龙江省富裕牧场和八五四农场(图 11-11)。

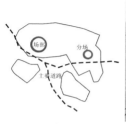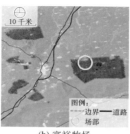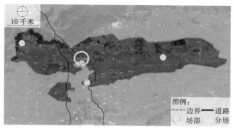

(a) 分散型布局　　　　　　(b) 富裕牧场　　　　　　　　　(c) 八五四农场

图 11-11　分散型农林场

11.5.3 东北国有农林场空间组织的主要影响因素

1) 地形条件

地形地貌条件对农林场的空间组织形态影响较为显著,地形平坦的平原如松嫩平原、三江平原等包含大片的生态林地或是大面积的农田,且土地集中连片,农田水利设施完备,空间形态多以集中规则型为主,平面尺度较大,布局紧凑,并且与交通干道联系紧密。集中条带型农林场分布的规律多依山而建,如长白山山脉、小兴安岭山脉和大兴安岭山脉,并顺山势发展,有的还选择交通要道附近进行建设。

2) 水文条件

相比黑龙江省和吉林省,辽宁省内的河流资源比较丰富,这些河流不仅能为场部的居民提供生活必需的饮用水、食物,还为农田提供便利的灌溉条件,也是以水产养殖业为主要产业的农场必不可少的自然资源。依水而建的农林场多是随着自然条件而形成的集中条带型空间形态。

3) 资源条件

农业资源和产业资源对农林场的空间组织有很大的影响。黑龙江省三江平原城镇整体空间布局以周边佳木斯城镇群和牡丹江城镇群为发展核心,构建全国最大的对俄经贸开放区,发挥周边小城镇资源优势,重点发展煤电化等主导产业,加快农产品加工业、对外贸易和旅游等共有产业集聚,增强对周边垦区辐射带动作用。各垦地间的产业协作主要体现在农业资源开发与农业产业化领域,主要在原料基地共建共享、产品开发的协作、对外贸易合作与产品市场开拓。共建工业园区与区域经济产业链条,扩大企业经营规模,增强企业竞争实力。推进企业集群发展,构造区域经济发展新优势,调整全省农村经济结构、促进农民增收、提供劳动就业机会。

4) 道路交通条件

交通道路的便利与否可直接影响到农林场的空间效益和经济效益。垦区城镇与周边城镇之间的经济联系强度与公路和铁路客运之间存在着极强的相关性,农垦城镇的产业、产品结构与经济发展水平存在一定的相似性,若垦区城镇与周围城镇空间联系不紧密,导致垦区工商业落后,产业上就没有与周围城镇进行经济技术联系与合作;其次,农垦城镇普遍位于偏远地区,是随着开荒种地聚集居民而逐渐发展形成的城镇,这就致使农垦城镇与大规模、高等级城市的距离较远。交通不便加之行政管理方式的不同,农垦难以与周边中小城镇之间加强协作,导致了农垦城镇在发展过程中难以避免的自我封闭性,这极大地影响了农垦城镇的外向型发展以及区域经济一体化进程,阻碍了自身功能的完善。

5) 农林场相关政策条件

黑龙江垦区自农业改革开始,垦区大力兴办各类家庭农场,其中最主要的类型就是农场职工家庭农场,占农场中各类经营组织 90%以上,这些职工家庭农场的生活费和生产费基本都由职工自己承担,减轻了农场的负担,更利于农场的建设与发展。家庭农场的建立,克服了小生产与大市场之间的矛盾,优化了二者之间的对接方式,极大程度地提升了垦区的整体效益,对于农业的生产、流通与消费的全过程产生积极作用。随住房改革和养老保险制度调整的深入,以及农场场部小区建设、社会生活服务改善、社区管理制度的完善,使农场小城镇的作用和功能已经超出了建立之初的屯垦戍边要求,农场场部作为垦区的政治、经济、文化、商业、物流、交通等方面的中心地位已经确立。

11.5.4　空间组织的主要问题

1) 道路交通网络不完善

东北地区农林场通往乡级和县级的道路基本实现硬化,多为柏油路面,满足通车需求,但农林场内较多数场部与场部之间以村路相连,路况较差,未实现道路硬化,不利于运输通行。农林场的路网结构不完善,会使其与周边农林场、乡村、城镇之间的联系性不足,不利于农林场产业运输,影响产业发展。

2）场部中心辐射强度较弱

农林场场部中心职能强度是提升村镇在区域开发中的竞争力的重要因素，东北地区部分农场村镇基础设施要素分布不均衡，场部建设滞后，公共服务设施不完善，没有充分利用现有的区位优势和资源条件。应增强场部的集聚扩散能力，从综合发展的角度寻找村镇自身的定位，大力改善农场村镇基础设施，提高场部的基础设施和公共服务设施的标准，发挥场部的主导地位，引导企业和社会资源向重点乡镇集中，使交通便利、设施配套完善、环境整洁、特色鲜明，这对周边农场、连队和地方村镇都具有一定辐射和带动作用。

3）垦地之间缺乏产业联动

东北地区不少农林场只注重自身产业的发展，与相邻乡镇和城市在产业、信息等方面缺乏互动。村镇区域内存在的乡村、交通等点、线要素应通过不同的方式组合成一个有机联系的整体，一个产业不能孤立地发挥作用，要通过轴线串联成产业链，作为一个整体来推动整个区域的发展。要确定中心场部的产业结构及支柱产业，努力实现有地方特色的主导产业，增强吸引力，来实现生产布局和线状基础设施之间最佳的空间组织方式。

第 12 章　东北乡村人居环境思考与展望

　　乡村村民的意志影响着乡村人居环境的发展方向和水平,按照马斯洛的需求心理学将乡村村民对于人居环境的需求由低到高可分为:生理需求(包括基本的温饱问题)、安全需求(包括生态环境问题和社会治安问题)、情感与归属感需求(包括家乡自豪感等情感需求)、尊重(指对于乡村文化和传统文化的尊重)和自我价值实现需求(自我存在感和价值的体现)。乡村人居环境的发展首先要解决乡村村民的温饱问题;其次是保障其生产生活的安全问题;然后是培育其对于自己家乡的自豪感和情感上的归属感,并且要对其生活习俗和文化有充分的尊重;最后是让乡村村民找到自我价值实现的路径,实现村民的自信心和自豪感的建立。按照这样的顺序可以总结乡村人居环境的发展规律,其发展过程包括生存、健康与优美由低到高的三个阶段。生存是最基本的层次,要求乡村人居环境不能对居民的身心健康与生命安全有所损害;健康是第二层次,即乡村人居环境对居民身心健康与生命安全发挥有益作用,并在将来实现可持续发展;优美是最高层次,不仅要求乡村人居环境是适宜生存的、有利于健康的,还对环境的文化与艺术氛围提出要求,要求乡村人居环境具有能够陶冶情操的"田园诗意",提升居民的审美情趣。东北地区乡村人居环境改善工作进行到现在基本解决了乡村村民的生存环境问题,下一步要向健康、优美的目标发展。具体目标包括:保障流动人口基本利益,促进乡村生产现代化,提高乡村村民生活水平,保护改善乡村生态环境,传承弘扬乡村传统文化,提高乡村空间使用效率。

12.1　保障东北乡村流动人口利益

　　调查结果显示,不同地区与不同群体的村民,在城镇化意愿方面呈现出不同的特征。从区域角度来说,建制镇、一般镇及其周边区的村民城镇化意愿带有一定主动性,且较偏远地区以及少数民族聚居地区的村民意愿更为强烈;而城镇化受益地区城镇化意愿较弱,城市郊区工业区乡村村民迁入城市的意愿程度较低。乡村村民不同群体村民在城镇化意愿特征上表现不同,乡村村民高阶层次更加倾向于主动城镇化,中阶层次潜在的城镇化意愿更为突出,低阶层次则盲目认为城市在各个方面远好于乡村,希望城镇化但是并没有实现真正城镇化的能力。通过调查乡村村民的城镇化意愿发现,虽然现状东北乡村地区有25%左右的剩余劳动力,并且这一比例将随着农业现代化发展不断扩大,但并不是所有的乡村村民都有城镇化的意愿,仍然有很多居民希望继续生活在乡村中,这就要求我们在快速发展的城镇化进程中充分尊重乡村村民的意愿,在积极引导乡村村民城镇化的同时也应积极改善乡村人居环境,为生活在乡村中的居民提供良好的生活环境。

12.1.1　建立乡村流动人口信息平台,构建其社会网络

乡村社会网络应从两个方面构建:一是对留守人群建立交往网络,充实生活;二是对流动人口构建支持网络、互助网络。农民外出务工获得就业机会过程中所获得的支持主体之间的关系网络被称为支持网络,支持网络能够反映出乡村社会关系的强弱程度。要积极发挥群体在社会网络的作用,利用东北地区乡村血缘、地缘的基础社会关系,积极建立乡村的社会网络,发挥社会网络的互助功能、支持功能。为流动人口搭建组织网络,满足相关社会关系需求。

根据格兰诺维的四维度分析法,从互动频率、情感强度、亲密程度、互惠交换四个方面把社会网络关系分为强关系和弱关系。从样本村的调查分析研究发现,东北地区乡村人口流动,强关系是乡村劳动力流动依靠的主要网络关系,乡村人口流动后的第一份工作有60%以上的人是通过同乡亲友、家庭其他成员的带动流出居住地。借用现代信息社会发达的通信手段建立外出务工人员的互动交流平台,利用乡情、共同的经历等情感共同点建立流动人口的情感纽带,使其在外也能感受到安全感和认同感,彼此之间相互帮助,巩固原有同乡的关系网络的同时建立新的社会网络关系。

12.1.2　创建城市乡村流动人口社区,增强其城市归属感

受社会政策、文化理解和社会交往等因素的影响,乡村人口难以融入城市社会。为了让乡村流动人口慢慢地转换角色,同时感受到城市更为美好的人文氛围,建议建立乡村人口流动社区。通过社区活动解决乡村务工人员活动单一、生活贫乏等问题,通过社区创办丰富娱乐活动,让生活在城市活动边缘的乡村人获得一种归属感,让乡村流动人口在心理上更好地融入城市,减轻歧视造成的压力,缓解乡村人口过度的自卑心理。

通过城市乡村人口流动社区建设,可以让乡村流动人口在工作岗位上发挥其最大作用。这样的社区建设为农民城市化奠定了良好的基础,加强了乡村人口对城市社会活动的关心程度,有效缓解乡村人口在城市的失落感。通过社区文化的熏染,提升农民的道德水平,有效降低乡村流动人口在城市刑事案件的发生率,有利于城市社会治安的稳定。

12.1.3　加快中小城镇建设进程,为流出人口提供场所

东北地区除了是我国粮食基地,也是我国重工业基地,城市密度大、城市化水平高。但大中型城市多以钢铁、煤炭产业为主导产业,随着资源逐步枯竭,城市经济日趋衰落,吸纳乡村剩余劳动力的能力日见减退。国家农业农村政策的出台和财政政策向农村的倾斜,使农民逐步脱贫致富,对教育、文化、卫生、商服有更多更高需求,乡镇地区成为经济活跃点,特别是远离大城市的乡镇快速发展成周边地区的公共服务中心。乡镇距下辖和相邻乡村近,拥有相同的文化和风俗习惯,乡镇与大中城市相比,生活成本较低更宜于乡村人口迁移,因此中小城镇更适合乡村流出人口定居,是积蓄农村剩余劳动力、培育大工业产业工人的聚集地。

调查分析显示,东北地区乡村流出的人口主要流向乡村周边城镇地区,为满足乡村有流动意愿人口的转移意向,应该加快中小城镇的发展,能够为乡村流出人口提供新的工作和生活场所。推进乡村村民向小城镇迁移,同时加快小城镇

建设也有益于完善城镇体系,缩小城乡社会差异。

12.1.4　规范流动人口就业市场,保障其公平就业权益

　　通过调查访问发现乡村进城务工人员大多做着苦脏累险的工作,却为城市的建设做出了不可或缺的积极贡献。他们中的大部分人常常处于加班、赶进度等超负荷的工作状态,却拿到不匹配的工资,生活方式难以融入城市。所以制定合理的职业工资标准,解决流动人口面临的收入困境问题,既是对其工作水平和工作成果的客观肯定,同时也是对乡村流动人口在城市中地位的认可。政府应该设立基金和农民工社会福利,对工作上有突出贡献、进步较快的人员进行表彰,对工作中的弱势群体实施救助,享受城市最低生活保障。

　　调查中还发现东北地区乡村务工者大多都没有与工作单位签订劳动合同,这样劳动者的权利难以得到保障,当遇到难以满足工作单位的不合理要求时就会面临失业,当劳务者生孩子的时候更是被用人单位清退,导致妇女的权利受到侵害。所以相关劳动部门应定期对雇用乡村人口的单位进行劳动合同的审查,用法律手段制裁那些规避劳动法内容的用人单位,保障乡村人口的基本权利。利用每年的务工人员返乡时间在村庄建立劳动合同的培训工作,让农民们了解自己的权利与义务,而不是单纯只看到收入高低。劳动合同的签订可以有效地遏制恶意拖欠、克扣工人工资事件的发生,也可以有效地控制对劳动者违规收取各种费用。

12.2　促进东北乡村产业发展现代化

12.2.1　完善乡村金融体系,为产业发展提供资金保障

　　服务于乡村的法定金融机构主要有四种,分别为中国农业银行、中国农业发展银行、农村信用合作社和邮政储蓄,其中农村信用合作社是乡村金融机构中与农户直接来往最多的机构,是乡村金融机构中向农村和农业经济提供金融服务的核心,几乎所有的乡镇都有其分支机构。统计发现绝大多数农户和乡镇企业

贷款都是由农村信用合作社发放的，未来东北地区的乡村金融体系应该以农村信用合作社为核心构建，所以国家要给予农村信用合作社财政的、金融的更多优惠政策，使其更好地促进农村经济的发展。同时信用社也要积极发挥其主导作用，更好地服务于乡村的产业经济发展。

调查发现，东北地区有社会资金介入乡村产业发展的现象，但是并不普遍。如本溪药都的一些企业与周边乡村达成草药种植协议，由企业为乡村村民提供启动资金和技术指导，乡村村民利用自身耕地和林地资源为企业种植药材。这些现象的出现预示着东北地区乡村市场资金多元化的开端。东北地区乡村经济基础薄弱，单纯依靠村民自身和政府扶持发展产业，提高经济水平是不现实的，在市场经济的大背景下，乡村应该借助城市和工业的帮助，完成农业产业化、现代化发展。我们应该规范乡村资金市场，鼓励多种形式的社会资金进入乡村市场，企业需要分布在广大乡村地区的住宅、耕地、林地等资源作为自身发展的基础，而乡村需要企业的资金和技术支持，对双方来讲是共赢的合作，但在这个过程中必须有相应政策法规的支持和规范，防止非法操作，防止损害乡村村民的切身利益。

12.2.2　完善乡村土地流转制度，促进农业现代化发展

东北地区逐步发展成国家重要商品粮基地是因为东北地区地域辽阔，人均土地占有量较高，户均耕地规模较大和良好的农业生产条件。近几年来，全国土地流转速度不断加快，东北地区积极发展规模化、集约化的经营模式，依法推进并鼓励乡村土地有序地流转，因此土地流转规模和流转比例不断提高。

据调查，东北三省现有土地流转形式主要有转包、入股出租、转让和互换等。流转主体主要有专业大户经营、合作经营、企业经营和集体经营共四种新型经营主体。其中专业大户（家庭农场）经营模式是种植大户或家庭农场通过承包集体或流转其他零散小农户的承包地进行农业集约化生产经营；合作经营模式主要是以"农民合作社＋农户"、农民合作社租赁经营或"股份＋合作"，通过入股或转包等方式将土地集中连片机械化种植和经营；企业经营是农户"带地入股"，或者

转包给企业代为经营;集体经营是由村民小组生产经营的模式。目前,经过多种土地流转模式探索实践,东北地区的土地流转现已走在全国平均水平的前列。土地流转对于农业现代化、解放农村劳动力和提高土地利用率方面有一定的作用,但仍然存在很多问题,对于大面积推广乡村土地流转我们还需要完善土地流转制度:加强政府的扶持力度,政府要提供制度保障,为乡村土地流转提供政策空间;健全土地承包经营权流转市场,根据各地各乡村的实际情况提倡多种土地流转方式;同时为确保村民在土地流转中保护自己的切身利益,要完善乡村土地承包经营权流转管理体系,确保土地流转的合理合法性,保护多方利益尤其是土地所有者乡村农民的利益。

12.3　改善东北乡村村民生活环境

12.3.1　保证公共财政支持,完善乡村公共设施

政府虽已投入大量资金用于乡村地区的基础设施及公共服务设施建设,但是此次调研发现东北地区乡村的公共服务设施和基础设施建设仍然还有很多工作需要做。大部分村庄主要的公共服务设施只有村委会和零散便利超市,对于其他医疗、体育、教育、养老等服务设施均存在不同程度的欠缺问题;同时调研中还发现,东北地区目前仍存在少部分偏远乡村道路未实现硬化和亮化,统一给水、排水管道仍未实现,在环保环卫方面的设施建设也存在参差不齐的现象。针对乡村人居环境现状,中央、地方政府和基层社区对乡村人居环境治理与改善工作加大财政投入,保障乡村村民公共设施供给水平,完善公共财政转移支付,进一步缩小城乡差距。

12.3.2　完善乡村社会保障制度,提高乡村村民幸福指数

关于乡村社会的保障制度,完善农村合作医疗保障制度、农村养老保障制度和农村最低生活保障制度是首要目标。随着新农村建设的进程不断加速,新型农村合作医疗已经逐步在农村实行,这种新型的合作医疗产生了较好的效果。

据调查发现东北地区绝大部分的乡村村民参加了农村合作医疗,大病在镇医院和县医院分别可以报销 85%、60%。东北地区乡村现在养老实行新型农村合作养老保险制度,是由个人、集体和政府三种渠道共同筹资相结合的特殊方式。这三种筹资渠道共同构成新的制度,但国家政府要在其中承担大部分的责任。在东北三省地区,中央政府仅对吉林省和黑龙江省参加"新农保"制度的农村居民承担每月全部的基础养老金费用,其中吉林省区级财政还会对参保人员额外每月补贴 5 元,而辽宁省的每月基础养老金则由中央财政和辽宁省财政共同承担。与此同时,根据《关于开展新型农村社会养老保险试点的指导意见》的规定,全国各地地方政府会给予参保的农村居民每年不少于 30 元的缴费补贴,以此来鼓励农村居民参保。因此,中央政府和地方政府每年至少发给每位参加"新农保"的农村居民约 690 元的财政补贴。由此可见,我国政府通过"新农保"制度,大大加强了对农村养老保险的重视程度和投资力度。"新农保"制度建立了由基础养老金和个人账户两部分相结合的方式,为还没有享受城镇居民社会养老保险的、年满 60 周岁的农村居民提供每月的基础养老金。领取养老金的条件是必须达到国家规定的法定年龄,并没有缴费条件的限制,完全体现了国家对农村居民的生存权和社会保障权的重视。由此可以看出国家政府近几年来对于乡村村民生活保障所做的大量工作,但是距离农民不再依靠土地养老还有很长一段距离,未来应进一步加大对乡村村民的社会保障力度,增加乡村村民生活幸福指数。

12.4　保护、改善东北乡村生态环境

12.4.1　树立生态环保理念,完善乡村环保环卫设施

　　调查发现,东北地区乡村环境污染问题大面积存在,如农业生产大量使用化肥、农药和农业生产塑料膜对耕地造成了污染,导致耕地质量下降。村庄中道路两旁的生活垃圾随处可见,生活污水沿道路排放、河流变成排水沟等现象也比较普遍。面对东北地区这样的生态环境现状,在现有国土空间规划改革背景下,应制定具有强制性和刚性的环境保护规划,明确生态红线保护界限及范围,加强环境保护法的约束效应,进一步规范乡村村民的行为,防止这种情况继续下去。东

北地区应该更加科学地制定规划,完善乡村道路的建设,优化污水排放和垃圾处理以及厕所改造,加强垃圾收集、转运等环保环卫设施建设,只有解决了乡村基础设施建设不足的问题,才能提高乡村村民的生活环境质量。

12.4.2 加强执法力度,禁止耕地红线被侵占

耕地资源是自然资源中最珍贵的土地资源。土地粮食的生产能力与耕地的质量和数量联系密切,保护耕地资源为粮食安全、经济安全与社会的稳定提供积极意义。一定数量和质量的耕地是保证实施可持续发展战略与发展社会经济、贯彻和落实科学发展观的必要条件。特别是近几年来,我国的粮食和生态安全受到了严重的威胁,这与不断加快的城市化和工业化进程是分不开的。

东北地区乡村生态建设要对耕地红线进行管控,确保乡村生态发展不占用资源有限的耕地,使乡村生态建设尽可能小地受我国的工业化、城市化、人口的持续增长和生态环境质量日益下降等多种因素的影响。东北地区耕地总量3.8349亿万亩,占全国耕地红线18亿万亩的21.3%,对东北地区的耕地红线管控对于我国全国层面的粮食安全和生态安全具有重要意义。在国土空间规划改革的当下,在第三次全国土地调查的契机下,应进一步明确东北乡村基本农田保护范围,尤其是靠近城市建设区的基本农田,更应划清界限,依法依规重点保护。

12.4.3 强化环境监控,建立生态环境监测体系

生态环境动态监测体系建立应采用当代先进的科学技术手段,重点以建立环境监测系统、完善各级环境信息网、建立生态环境信息系统、建立省级环境监测数据处理中心等四方面为主。

东北地区的嫩江、辽河和松花江流域,应重点建立省级环境监测数据处理中心和生态 GIS 系统,从而更好地共享生态环境的信息,加强与恢复地区间的合作。

东北地区为了系统地研究生态环境治理与恢复问题,以恢复生态功能、治理与修复环境污染、探索生态系统变化规律等方面的研究为重点。生态环境变坏的主要原因是因为其开发强度过高,必须科学系统地研究其综合自然、生态、环境、资

源、经济、社会、历史要素在东北地区的相互作用过程与机制。

12.4.4 完善生态保护措施,加强制度保障体系建设

东北地区如果想要实现可持续发展,其重要的保障就是在地区间建立全面的环境友好型社会。要建立环境友好型社会,不仅要树立人民绿色的生活理念和提升人民的环保意识,更要大力推进绿色环保社区的建设,提倡低碳生产生活。

法律法规建设上,应当推动有关法律法规的制定,增强监管和决策的科学性,使得东北地区的生态环境保护法制化。同时加强落实环境保护责任制和相应的管理体制,对有损生态环境的违法行为追查到底。增加对生态环境保护的资金投入,完善环境保护的补偿、奖励机制,如减税、免税、贷款优惠等。为东北乡村生态环境保护和改善提供制度保障。

12.5 传承、弘扬东北乡村传统文化

12.5.1 重视乡村传统文化保护规划

改革开放后,经济发展一体化所带来的市场化发展极大程度地冲击了中国传统文化,这导致了民间艺术与传统活动面临着无人继承、无人知晓的危险境地,传统特色风俗正在逐渐消亡。因此,建立健全传统村落的保护、发展与监管机制,成为当下传统村落的保护与发展规划的重要任务,这不仅要求完善传统村落和民居名录,更要求在开发与建设过程中要避免大拆大建,严控破坏行为,杜绝掠夺式发展。多采用小规模修补的方式。加大乡村原生态非物质文化遗产的认定和相应传承人的挖掘,激发弘扬传统文化的自豪感。

12.5.2 完善乡村民约构建和谐社会

乡村地区信息网络基础设施较为落后,同时乡村村民综合素质有限,对于信

息化建设必须由政府发起,引进相关技术人员,组建相关管理部门,运用"互联网＋"、大数据和云计算等信息化技术建立乡村信息化平台,并面向乡村村民进行推广科普,逐步实现乡村信息共享,提高乡村运行效率。同时,丰富传统乡村邻里文明交往空间,公共交往空间,如图书馆、健身广场等实体交往空间的建设。

　　社会关系是人们在共同的活动中结成的相互关系,是人与人之间的一切关系,包括个人与个人之间的关系、个人与群体的关系、群体与群体的关系。而乡村村民由于从事相类似的工作,生活在相类似的环境中,彼此之间更加能够相互理解,更容易结成亲密的团体关系。利用现代信息手段加强乡村村民相互之间的联系。如开发相关主题的网站、社交平台、微信群、QQ群等新型交往模式,形成其网络联系的交往圈子,进而加强异地乡村村民相互之间的交往联系。

12.5.3　建立信息平台促进乡村民主自治

　　进入信息化的时代,智慧城市建设正在全国如火如荼地展开,而伴随城市的发展,网络覆盖也在东北乡村地区逐渐普及,而在乡村开展信息化建设有利于优化乡村的产业结构,在乡村如果这一年某一农产品市场价格较高,来年农民就会大面积种植该种农产品,这导致生产成本升高,同时市场供大于求导致价格下降,由于没能准确把握市场需求信息,农民盲目的投入带来的必然是惨重的损失,如果可以建立一个公开化的共享信息平台,广大农民通过平台了解市场需求,就可以很大程度规避投资风险。同时建立信息共享平台,政府的相关决策等信息都可以发布,更有利于广大乡村村民监督管理,提高管理的运行效率,由此可见,建立信息化平台对于乡村发展具有重要意义。

12.6　提高东北乡村空间使用效率

12.6.1　合理规划村庄布局

　　合理的村庄规划应该是一种长效规划,是满足农民需求、凸显地方特色的规划,不仅能够提高农民的生产生活质量标准,又能够对乡村未来发展建设提出切实有效的指导意见。目前东北地区村庄规划基础十分薄弱,东北地区乡村编制建设的规划占比不到 50%。在未来的规划中应按要求将农村规划纳入国家的规划体系中,并且各级政府配合协调展开工作。首先要确立发展目标和最低标准,然后由各级政府提出相应的指导意见,最后村镇政府依照实际情况进行具体规划。村庄规划应当满足村庄可持续发展的要求,不仅要以提高农民生活质量为目标,满足农民生活生产的基础需求,更要突出地方特色,并对村庄的未来发展提供具有长效指导意义的发展建议。然而就目前来说,东北地区村庄规划占比不足 50%,规划基础十分薄弱。将村庄规划纳入国家规划体系十分必要,应在明确发展目标与最低发展要求的基础上,要求各级政府协作展开工作,对乡村发展提出相应的指导意见,在此基础上由镇政府具体实施规划与建设。除了衔接土地利用等总体规划、完善县域镇村体系,村庄规划也应该充分考虑与吸纳村民意见,因地制宜地明确各村人居环境改善的重点,合理确定基础设施与公共服务设施的建设标准。规划设计不可偏离实际,实地调查与具体分析是必不可少的工作步骤,除此之外,应对相关高校、研究所等科研机构的力量进行积极利用。同时,应将公众参与的工作方式渗透到调研、方案拟定到确定方案的全过程中。

12.6.2　建立乡村宅基地流转机制

党的十八届三中全会强调要赋予农民更多财产权利,允许农村集体建设用地入市,与国有土地同权同价,为集体土地流转指明了新的方向。2014 年中央一号文件中提出在保障农户宅基地用益物权前提下,应慎重稳妥推进农民住房财产权抵押、担保、转让。所以只有高度重视宅基地流转问题,才能减少耕地占用和保障农民的权益,因为这不仅能促进土地资源优化配置,缓解城乡用地供需矛盾,也有利于提高乡村村民的财产性收入。东北地区的农村集体经营性建设用地只占 4% 左右,远低于全国平均水平,相反,宅基地的面积占农村集体建设用地总面积的 81%,远高于全国的平均水平。所以在乡村集体建设用地入市时宅基地是东北乡村地区的重点。目前因东北地区宅基地的流转还缺乏规范性的引导,存在利用粗放、效益低下、对象不明确等问题;宅基地的入市缺少法律依据和制度保障,存在产权不清晰、城乡规划不详细等制度方面的问题,导致许多乡村村民对宅基地入市认识不清。乡村人口流出量大、闲置宅基地较多的现象，是受到自身收入情况、非农技能、当地医疗卫生条件以及子女就学等因素的影响所导致的，再加上东北三省地区超标的宅基地较多，乡村的挖掘潜力非常巨大，可以按照"存量有限，增量补充"的原则顺序入市。解决历史遗留问题是有序推动乡村宅基地入市的重要途径，因此政府遵从"尊重历史、承认现实"的原则，修订和完善相关政策法规，建立配套的法律制度、开展乡村宅基地专项调查和确权登记。

整体而言，东北地区乡村人居环境的发展与国家的政策和经济发展水平息息相关，真正意义上的乡村人居环境改善主要是从 2005 年全国新农村建设开始的。政府投入大量资金支持乡村环境整治工作，东北地区乡村逐步解决了供水、供电问题，实现大面积改厕和环境整治，乡村人居环境得到大幅度的改善。但是乡村现状仍存在耕地污染严重、产业发展水平低下、村民综合教育水平有限、村庄空心化等现象。未来随着各级政府对乡村人居环境发展的重视程度不断提高，以及对于东北粮食基地建设的投入不断增加，东北地区的乡村将迎来新的发展契机，其乡村人居环境建设质量将在现有基础上得到进一步发展和提升。

参 考 文 献

〔1〕 HOLMES J. Impulses towards a multifunctional transition in rural Australia：gaps in the research agenda[J]. Journal of Rural Studies，2006，22(2)：142-160.

〔2〕 HOLMES J. The multifunctional transition in Australia's tropical savannas：the emergence of consumption，protection and indigenous values[J]. Geographical Research，2010，48(3)：265-280.

〔3〕 常慧.东北传统民居文化生态研究[D].哈尔滨：哈尔滨工业大学，2013：50-61.

〔4〕 陈兴中,周介铭.中国乡村地理［M].成都：四川科学技术出版社，1989：235-252.

〔5〕 迟明照.近代东北自然环境与东北习俗文化[D].长春：吉林大学，2007：7-17.

〔6〕 方创琳,刘海猛,罗奎,等.中国人文地理综合区划[J].地理学报，2017，72(02)：179-196.

〔7〕 房艳刚,刘继生.基于多功能理论的中国乡村发展多元化探讨——超越"现代化"发展范式[J].地理学报，2015，70(02)：257-270.

〔8〕 高更和,罗庆,樊新生,等.中国农村人口省际流动研究——基于第六次人口普查数据[J].地理科学，2015，35(12)：1511-1517.

〔9〕 韩源.美丽乡村导向的镇域乡村性评价及发展策略研究[D].武汉：华中科技大学，2015.

〔10〕李伯华,曾菊新,胡娟.乡村人居环境研究进展与展望[J].地理与地理信息科学，2008(09)：70-74.

〔11〕李伯华.农户空间行为变迁与乡村人居环境优化研究[M].北京：科学出版社，2014(06).

〔12〕李平星,陈雯,孙伟.经济发达地区乡村地域多功能空间分异及影响因素——以江苏省为例[J].地理学报，2014，69(06)：797-807.

[13] 李赛男.西南贫困地区乡村发展类型及其乡村性评价[D].重庆:重庆师范大学,2017.

[14] 李小荣,杨海娟,何艳芬,等.陕西省县域乡村发展类型及乡村性评价[J].山东农业大学学报(自然科学版),2016,47(02):225-230.

[15] 李雪铭,白芝珍,田深圳,等.城市人居环境宜居性评价——以辽宁省为例[J].西部人居环境学刊,2019,34(06):86-93.

[16] 李雪铭,晋培育.中国城市人居环境质量特征与时空差异分析[J].地理科学,2012,32(05):521-529.

[17] 李治,王一杰,胡志全.农村一、二、三产业融合评价体系的构建与评价——以北京市为例[J].中国农业资源与区划,2019,40(11):111-120.

[18] 李智,范琳芸,张小林.基于村域的乡村多功能类型划分及评价研究——以江苏省金坛市为例[J].长江流域资源与环境,2017,26(03):359-367.

[19] 林若琪,蔡运龙.转型期乡村多功能性及景观重塑[J].人文地理,2012,27(02):45-49.

[20] 刘建国,张文忠.人居环境评价方法研究综述[J].城市发展研究,2014,21(06):46-52.

[21] 刘颂,刘滨谊.城市人居环境可持续发展评价指标体系研究[J].城市规划汇刊,1999(05):35-37+14-80.

[22] 刘彦随,刘玉,陈玉福.中国地域多功能性评价及其决策机制[J].地理学报,2011,66(10):1379-1389.

[23] 龙花楼,刘彦随,邹健.中国东部沿海地区乡村发展类型及其乡村性评价[J].地理学报,2009,64(04):426-434.

[24] 梅林.东北地区城乡关系协调发展模式与对策研究[D].长春:东北师范大学,2009.

[25] 宁越敏,查志强.大都市人居环境评价和优化研究——以上海市为例[J].城市规划,1999(06):14-19+63.

[26] 朴玉顺,彭晓烈."京旗文化"特色村镇的保护与建设[J].小城镇建设,2014(05):83-87.

[27] 戚明钧,贺文.江苏沿海地区乡村发展类型及其乡村性评价[J].农村经济与

科技,2016,27(11):210-213.

[28] 隋欣.东北地区乡村聚落发展与空间特色[J].门窗,2017(03):135.

[29] 孙小杰.美丽乡村视角下农村人居环境建设研究[D].长春:吉林大学,2015.

[30] 王坤鹏.城市人居环境宜居度评价——来自我国四大直辖市的对比与分析
[J].经济地理,2010,30(12):1992-1997.

[31] 吴良镛.人居环境科学导论[M].北京:中国建筑工业出版社,2001(10):37-61.

[32] 吴声怡,李婷.乡村建设的路径选择及其运行机制:以大学生工作站为例[J].
福建论坛(人文社会科学版),2011(05):141-145.

[33] 武爱彬.京津冀区域"三生空间"分类评价与格局演变[J].中国农业资源与区
划,2019,40(11):237-242.

[34] 熊鹰.考虑不确定性因素影响的城市人居环境与经济协调发展定量评价研
究[A].中国地理学会、南京师范大学、中国科学院南京地理与湖泊研究所、
南京大学、中国科学院地理科学与资源研究所.中国地理学会 2007 年学术
年会论文摘要集[C].中国地理学会、南京师范大学、中国科学院南京地理与
湖泊研究所、南京大学、中国科学院地理科学与资源研究所:中国地理学会,
2007:1.

[35] 叶依广,周耀平.城市人居环境评价指标体系刍议[J].南京农业大学学报(社
会科学版),2004(01):39-42.

[36] 于明霞.中国农村金融组织体系完善研究[D].长春:东北师范大学,2007.

[37] 于志娜,王晓双.黑龙江省农村土地污染对人居环境影响的调查分析[J].黑
龙江八一农垦大学学报,2016,28(05):133-136.

[38] 贠毓.国有农场居住形态研究[D].武汉:武汉理工大学,2009.

[39] 张荣天,焦华富,张小林.长三角地区县域乡村类型划分与乡村性评价[J].南
京师大学报(自然科学版),2014,37(03):132-136.

[40] 张智,魏忠庆.城市人居环境评价体系的研究及应用[J].生态环境,2006
(01):198-201.

[41] 郑承庆,罗萍萍,吴声怡.城镇化进程中乡村文化保护与开发的困境与出路
[J].重庆工商大学学报(西部论坛),2008(03):27-29+88.

[42] 周镕基,龙彩霞.多功能农业理念下乡村振兴的路径选择[J].经济师,2018

(06):19-21.

[43] 周维,张小斌,李新.我国人居环境评价方法的研究进展[J].安全与环境工程,2013,20(02):14-18.

[44] 周游,刘国新.基于制度变迁角度对国有农场制度变革的研究[J].理论月刊,2014(05):138-140.

[45] 周志田,王海燕,杨多贵.中国适宜人居城市研究与评价[J].中国人口·资源与环境,2004(01):29-32.

后　记

　　本书中大量现状描述的数据采用了 2015 年的统计数据和 2015—2017 年的调研数据。本书按照人居环境内容分类的方式全面解读东北地区乡村人居环境的现状，总结当下的主要成果和存在问题，便于读者通过本书对东北地区乡村人居环境状况有较全面的了解。

　　本书的作者参与了从统计数据收集到现状调研的全过程，对东北地区乡村人居环境有感性的认知和理性的分析。书稿的撰写根据各位老师擅长的研究方向分工：马青，作为第一作者，负责组织安排其他作者的工作分工，架构全书的框架结构，把握全书的写作进度和质量；具体撰写的部分包括绪论、理论架构、发展策略研究等。李超，主要负责从全域角度概述东北地区乡村人居环境，同时从县域、村域、村庄等不同角度分析东北地区乡村空间环境。宋岩，主要负责乡村人居生产环境、生态环境和乡村文化环境部分的研究、撰写。白涛，主要负责总结东北地区乡村建设政策及成果梳理，并对乡村居住进行研究、撰写。郭曼曼，主要负责东北地区国有农林场人居环境的研究、撰写，并负责全书最终的完善工作。

　　从调研到最后成稿历时几年，回想调研时期正值暑热，室外温度持续 30 ℃以上，整个调研过程十分艰苦，但是参与调研的老师和学生都不曾懈怠。在此感谢大家，也对曾一起参与调研和撰写工作的学生们表示感谢，他们是：应时、邱梁键、孙思雨、徐佳、周阳雪、马一鸣、张驰、赵媛、倪志航、梁梦楠、李发强、王凡、肖旭、赵倩、刘晓艳、李世光、蒋明涛、郭信志、王月琪、吴雨羲、孙珊珊、云露阳、许爽、马钰欣等。

　　图书最终得以出版还要感谢各级政府领导和各位村民的支持、配合。调研过程中，从省里到地方市县再到乡镇，各层领导给予了我们诸多支持，为我们提供了需要的资料和便利的工作条件。在村里调研时村民的反应更是带给我们感动，绝大部分村民积极配合我们的工作，更有村民邀请我们去家里休息，热情地捧出自家菜园子里的新鲜蔬果。这些都是我们克服困难不断前行的动力之一。

最后，感谢书稿撰写过程中给予我们珍贵意见的诸位专家：同济大学教授赵民、彭振伟、陶小马、张立等，正是在专家们的意见与建议的帮助下，我们的书稿才得以顺利完成并更加完善。还要感谢各位其他高校同行给予我们的帮助和支持：华中科技大学的洪亮平教授、安徽建筑大学的储金龙教授、苏州科技大学的王雨村教授、内蒙古工业大学的荣丽华教授、山东建筑大学李鹏副教授、深圳大学李云副教授、长安大学的杨育军、成都理工大学的李艳菊、同济大学陆希刚副教授等。他们的肯定和中肯的建议令书稿不断完善。书稿可能仍有不足之处，这些不足将在下一步的研究工作中继续完善。不断深入研究东北乡村人居环境问题是我们持续的工作。

马青

沈阳建筑大学规划系

2021 年 12 日